"十四五"职业教育国家规划教材

工业和信息化部"十四五"规划教材

ABB 工业机器人编程

（活页式教材）

主　编　张金红　李建朝
副主编　王菲菲　张　茜
　　　　宋立彬　韩　伟
主　审　郝敏钗　龙珊珊

北京理工大学出版社
BEIJING INSTITUTE OF TECHNOLOGY PRESS

内 容 提 要

本书以ABB IRB120机器人为载体，结合RobotStudio 6.08.01软件开发了机器人虚拟工作站、单工件搬运任务实现、I/O信号定义与监控、多工件搬运任务实现、示教器人机对话、搬运节拍测算、异常工况处理、离线轨迹编程、机器人多任务处理、系统备份与恢复等10个学习任务。

每个任务按照学习难度逐级递增、教学做一体化理念进行教学任务及内容设计，配有"1+X证书技能要求—任务引入—任务工单—任务分解导图—知识链接—任务实施向导—任务实施记录及验收单—任务拓展—知识测试"相关资源。本书不仅提供了RobotStudio仿真软件的官网下载和安装视频，还提供了多个虚拟工作站，解决了学习者因为机器人本体价格昂贵而无法拥有真机进行练习的问题。让学习者不仅拥有"机器人本体"，还拥有"小型机器人应用系统"。教材配有大量微课、动画等视频类数字资源，方便学生扫码学习。同时配有全部任务的PPT、教学设计等电子资源，可在北京理工大学出版社网站下载。

本书适合作为高等职业院校工业机器人技术专业以及装备制造大类相关专业的教材，也可以作为工程技术人员的参考资料和培训用书。

版权专有　侵权必究

图书在版编目（CIP）数据

ABB工业机器人编程：活页式教材 / 张金红，李建朝主编. --北京：北京理工大学出版社，2021.9（2023.8重印）
ISBN 978-7-5763-0397-1

Ⅰ.①A… Ⅱ.①张… ②李… Ⅲ.①工业机器人-程序设计-高等职业教育-教材 Ⅳ.①TP242.2

中国版本图书馆CIP数据核字（2021）第197025号

出版发行 / 北京理工大学出版社有限责任公司
社　　址 / 北京市海淀区中关村南大街5号
邮　　编 / 100081
电　　话 /（010）68914775（总编室）
　　　　　（010）82562903（教材售后服务热线）
　　　　　（010）68944723（其他图书服务热线）
网　　址 / http：//www.bitpress.com.cn
经　　销 / 全国各地新华书店
印　　刷 / 河北盛世彩捷印刷有限公司
开　　本 / 787毫米×1092毫米　1/16
印　　张 / 15.25
字　　数 / 350千字
版　　次 / 2021年9月第1版　2023年8月第2次印刷
定　　价 / 55.00元

责任编辑 / 王艳丽
文案编辑 / 王艳丽
责任校对 / 周瑞红
责任印制 / 施胜娟

图书出现印装质量问题，请拨打售后服务热线，本社负责调换

前言

"ABB 工业机器人编程"课程是工业机器人技术专业的核心课程,是电气自动化、机电一体化等装备制造类专业的专业课程,是工业机器人应用编程、工业机器人集成应用等 1+X 职业技能等级证书(中级、高级)的关键支撑课程,是开展典型工作任务的实践性课程。本课程依据工业机器人技术相关专业教学标准和工业机器人技术相关 1+X 职业技能等级要求,与企业现场应用专家共同提炼典型工作任务,按照学习难度逐级递增、教学做一体化理念进行教学任务及内容设计。

本书共有 10 个工作任务:机器人虚拟工作站、单工件搬运任务实现、I/O 信号定义与监控、多工件搬运任务实现、示教器人机对话、搬运节拍测算、异常工况处理、离线轨迹编程、机器人多任务处理、系统备份与恢复。每个任务融合工业机器人相关 1+X 证书知识点、技能点要求,内容相对独立,难度逐级递增。同时每个任务配有虚拟工作站,有演示、能实践。为了让学习者获得更好的学习体验,本课程的每个任务都提供了任务工单、知识链接(跟我学)、任务实施向导(跟我做)、任务实施记录及验收单、任务拓展等丰富的学习资源。任务工单描述了任务功能实现的具体要求,知识链接是完成任务所用相关知识点的详细讲解,任务实施向导是手把手带大家动手实践,这样既能学又能做。在学和做的过程中提升学习者严谨认真、遵章守则、精益求精的职业素养和创新精神。正如党的二十大报告中指出的:"引导学习者怀抱梦想又脚踏实地,敢想敢为又善作善成,立志做有理想、敢担当、能吃苦、肯奋斗的新时代好青年。"

教材配套的数字课程基于省级精品在线开放课程平台(https://mooc.icve.com.cn/ 智慧职教 MOOC 学院)。

建议利用教材提供的数字化资源采用线上线下混合式教学方法,采用"虚拟仿真+真机实操"的教学手段。利用丰富的产教融合教学资源,勤学苦练,为推动制造业高端化、智能化、绿色化发展做出贡献。首先利用知识链接和任务实施向导的微课视频在虚拟工作站完成仿真编程与调试,解决由于操作生疏而产生的安全隐患,同时也解决设备的台套数制约。仿真调试无误后，再真机验证，提高真机设备的利用效率及操作的安全性。

本教材所有任务相关虚拟工作站文件和相关资源可在北京理工大学出版社网站下载。

本书由张金红、李建朝主编，王菲菲、张茜、宋立彬、韩伟任副主编，郝敏钗、龙珊珊任主审。乔振民、孔令钊、陈从容、刘媛媛参与了教材编写。

因作者水平有限，书中难免有疏漏之处，恳请读者批评指正。

编　者

目 录

任务 1　建立 ABB 机器人虚拟工作站 ·· (1)

1+X 证书技能要求 ··· (1)
任务引入 ··· (1)
任务工单 ··· (2)
任务 1.1　RobotStudio 软件的下载与安装 ·· (3)
　　知识链接 ·· (3)
　　　1.1.1　RobotStudio 仿真软件 ··· (3)
　　　1.1.2　其他品牌机器人仿真软件 ··· (4)
　　任务实施向导 ·· (6)
　　　1.1.3　RobotStudio 软件下载与安装 ·· (6)
任务 1.2　创建机器人系统 ·· (9)
　　知识链接 ·· (9)
　　　1.2.1　软件授权 ·· (9)
　　　1.2.2　机器人系统 ·· (9)
　　任务实施向导 ·· (10)
　　　1.2.3　创建机器人系统 ··· (10)
任务 1.3　机器人工作站的解包和打包操作 ··· (17)
　　知识链接 ·· (17)
　　　1.3.1　软件界面介绍 ··· (17)
　　　1.3.2　工作站解包和打包介绍 ··· (19)
　　任务实施向导 ·· (20)
　　　1.3.3　进行工作站的解包和打包 ··· (20)
任务实施记录及验收单 1 ·· (23)
任务实施记录及验收单 2 ·· (25)
任务拓展 ·· (27)
知识测试 ·· (28)

1

任务 2　单工件搬运任务实现 ……………………………………………………（29）

1+X 证书技能要求 ………………………………………………………………（29）
任务引入 …………………………………………………………………………（29）
任务工单 …………………………………………………………………………（30）
任务 2.1　单个工件搬运的运动规划 …………………………………………（31）
知识链接 ………………………………………………………………………（31）
2.1.1　基本运动指令中的各指令 ……………………………………………（31）
任务实施向导 …………………………………………………………………（34）
2.1.2　单个工件搬运的运动规划 ……………………………………………（34）
任务 2.2　单个工件搬运编程 ……………………………………………………（37）
知识链接 ………………………………………………………………………（37）
2.2.1　RAPID 程序结构 ………………………………………………………（37）
2.2.2　任务、模块和例行程序之间的关系 …………………………………（37）
2.2.3　程序数据类型 …………………………………………………………（39）
2.2.4　数据的存储类型 ………………………………………………………（40）
任务实施向导 …………………………………………………………………（42）
2.2.5　创建 RAPID 程序 ………………………………………………………（42）
2.2.6　例行程序建立 …………………………………………………………（43）
2.2.7　程序编写和目标点修改 ………………………………………………（46）
2.2.8　程序运行调试 …………………………………………………………（52）
任务实施记录单及验收单 ………………………………………………………（53）
任务拓展 …………………………………………………………………………（55）
知识测试 …………………………………………………………………………（55）

任务 3　I/O 信号的定义与监控 ……………………………………………………（57）

1+X 证书技能要求 ………………………………………………………………（57）
任务引入 …………………………………………………………………………（57）
任务工单 …………………………………………………………………………（58）
任务 3.1　配置工业机器人的标准 I/O 板 ……………………………………（59）
知识链接 ………………………………………………………………………（59）
3.1.1　IRC5 紧凑型控制柜接口 ………………………………………………（59）
3.1.2　标准信号板卡 …………………………………………………………（61）
任务实施向导 …………………………………………………………………（65）
3.1.3　配置标准 I/O 板 DSQC652 ……………………………………………（65）
3.1.4　DI/DO 信号配置 ………………………………………………………（68）
3.1.5　GI/GO 信号配置 ………………………………………………………（72）
任务 3.2　I/O 信号监控与仿真 …………………………………………………（77）
知识链接 ………………………………………………………………………（77）

3.2.1　常用 I/O 控制指令 …………………………………………………………（77）
　　　3.2.2　条件逻辑判断指令 IF ………………………………………………………（78）
　　任务实施向导 ……………………………………………………………………………（79）
　　　3.2.3　I/O 监控与仿真操作 …………………………………………………………（79）
任务实施记录单及验收单 ……………………………………………………………………（81）
任务拓展 ………………………………………………………………………………………（83）
知识测试 ………………………………………………………………………………………（83）

任务 4　多工件搬运任务实现 ……………………………………………………………（85）

1+X 证书技能要求 ……………………………………………………………………………（85）
任务引入 ………………………………………………………………………………………（85）
任务工单 ………………………………………………………………………………………（86）
任务 4.1　工件个数带参例行程序实现 ……………………………………………………（87）
　　知识链接 …………………………………………………………………………………（87）
　　　4.1.1　带参例行程序 ………………………………………………………………（87）
　　　4.1.2　MOD、DIV、Offset 函数 ……………………………………………………（87）
　　　4.1.3　搬运位置计算 ………………………………………………………………（87）
　　　4.1.4　有效载荷 ……………………………………………………………………（88）
　　任务实施向导 ……………………………………………………………………………（89）
　　　4.1.5　任意工件个数搬运带参例行程序实现 ……………………………………（89）
任务 4.2　自定义带参功能函数实现位置计算 ……………………………………………（97）
　　知识链接 …………………………………………………………………………………（97）
　　　4.2.1　带参功能函数 ………………………………………………………………（97）
　　　4.2.2　RETURN 语句 ………………………………………………………………（97）
　　任务实施向导 ……………………………………………………………………………（98）
　　　4.2.3　编写带参功能函数 …………………………………………………………（98）
任务 4.3　装配任务实现 …………………………………………………………………（103）
　　知识链接 …………………………………………………………………………………（103）
　　　4.3.1　RelTool 指令用法 …………………………………………………………（103）
　　　4.3.2　ConfL 指令用法 ……………………………………………………………（103）
　　任务实施向导 ……………………………………………………………………………（104）
　　　4.3.3　编写任务程序 ………………………………………………………………（104）
任务实施记录及验收单 1 ……………………………………………………………………（109）
任务实施记录及验收单 2 ……………………………………………………………………（111）
任务拓展 ………………………………………………………………………………………（113）
知识测试 ………………………………………………………………………………………（113）

任务 5　示教器人机对话实现 ……………………………………………………………（115）

1+X 证书技能要求 ……………………………………………………………………………（115）

任务引入 ·· (115)
　　任务工单 ·· (116)
　　任务 5.1　TP 指令实现人机接口功能 ·· (117)
　　　知识链接 ·· (117)
　　　　5.1.1　TPWrite 指令用法 ··· (117)
　　　　5.1.2　TPErase 指令用法 ·· (118)
　　　　5.1.3　TPReadFK 指令用法 ··· (118)
　　　　5.1.4　TEST 指令用法 ··· (119)
　　　任务实施向导 ··· (119)
　　　　5.1.5　编写 TP 指令实现指定工件个数搬运 ································· (119)
　　任务 5.2　TPReadNum 实现搬运工件 HMI 输入 ·································· (125)
　　　知识链接 ·· (125)
　　　　5.2.1　TPReadNum 指令用法 ··· (125)
　　　任务实施向导 ··· (125)
　　　　5.2.2　编写 TPReadNum 指令完成输入工件个数搬运 ··················· (125)
　　任务实施记录及验收单 1 ·· (129)
　　任务实施记录及验收单 2 ·· (131)
　　任务拓展 ·· (133)
　　知识测试 ·· (133)

任务 6　搬运节拍测算任务实现 ·· (135)

　　1+X 证书技能要求 ··· (135)
　　任务引入 ·· (135)
　　任务工单 ·· (136)
　　任务 6.1　利用时钟指令完成机器人工作节拍计算 ································ (137)
　　　知识链接 ·· (137)
　　　　6.1.1　clock 数据类型及 ClkReset 指令用法 ······························· (137)
　　　　6.1.2　ClkStart 和 ClkStop 指令用法 ··· (137)
　　　　6.1.3　ClkRead 指令用法 ··· (138)
　　　任务实施向导 ··· (139)
　　　　6.1.4　编写机器人节拍测算程序 ·· (139)
　　任务 6.2　机器人是否在 home 位实现 ·· (143)
　　　知识链接 ·· (143)
　　　　6.2.1　robtarget 位置数据 ·· (143)
　　　任务实施向导 ··· (144)
　　　　6.2.2　编写是否回 home 位程序 ·· (144)
　　任务实施记录及验收单 1 ·· (153)
　　任务实施记录及验收单 2 ·· (155)
　　任务拓展 ·· (157)

知识测试 …………………………………………………………………………………… (157)

任务 7　异常工况处理任务实现 …………………………………………………………… (159)

　　1+X 证书技能要求 ………………………………………………………………………… (159)
　　任务引入 …………………………………………………………………………………… (159)
　　任务工单 …………………………………………………………………………………… (160)
　　任务 7.1　建立中断连接 …………………………………………………………………… (161)
　　　知识链接 ………………………………………………………………………………… (161)
　　　　7.1.1　中断程序定义 ………………………………………………………………… (161)
　　　　7.1.2　中断处理相关指令 …………………………………………………………… (161)
　　　任务实施向导 …………………………………………………………………………… (163)
　　　　7.1.3　中断定义及初始化 …………………………………………………………… (163)
　　任务 7.2　编写及调试中断程序 …………………………………………………………… (167)
　　　知识链接 ………………………………………………………………………………… (167)
　　　　7.2.1　运动控制指令 ………………………………………………………………… (167)
　　　任务实施向导 …………………………………………………………………………… (168)
　　　　7.2.2　中断程序编写及运行调试 …………………………………………………… (168)
　　任务实施记录及验收单 …………………………………………………………………… (171)
　　任务拓展 …………………………………………………………………………………… (173)
　　知识测试 …………………………………………………………………………………… (173)

任务 8　离线轨迹编程任务实现 …………………………………………………………… (175)

　　1+X 证书技能要求 ………………………………………………………………………… (175)
　　任务引入 …………………………………………………………………………………… (175)
　　任务工单 …………………………………………………………………………………… (176)
　　任务 8.1　离线路径生成 …………………………………………………………………… (177)
　　　知识链接 ………………………………………………………………………………… (177)
　　　　8.1.1　离线轨迹编程步骤 …………………………………………………………… (177)
　　　　8.1.2　自动路径参数设置 …………………………………………………………… (178)
　　　任务实施向导 …………………………………………………………………………… (179)
　　　　8.1.3　自动生成轨迹路径 …………………………………………………………… (179)
　　任务 8.2　目标点调整与仿真运行 ………………………………………………………… (183)
　　　知识链接 ………………………………………………………………………………… (183)
　　　　8.2.1　位置数据及轴配置参数 ……………………………………………………… (183)
　　　任务实施向导 …………………………………………………………………………… (185)
　　　　8.2.2　目标点调整与轴配置参数设置 ……………………………………………… (185)
　　　　8.2.3　程序优化与仿真运行 ………………………………………………………… (188)
　　任务 8.3　离线程序的验证调试 …………………………………………………………… (193)
　　　知识链接 ………………………………………………………………………………… (193)

8.3.1 离线程序导出和导入的方法 ……………………………………………… (193)
任务实施向导 ……………………………………………………………………… (193)
8.3.2 软件与机器人建立连接 ………………………………………………… (193)
8.3.3 利用软件进行离线程序的导出和导入 ………………………………… (195)
8.3.4 利用 U 盘导入机器人程序 ……………………………………………… (197)
8.3.5 导入程序的运行与调试 ………………………………………………… (198)
任务实施记录及验收单 …………………………………………………………… (199)
任务拓展 …………………………………………………………………………… (201)
知识测试 …………………………………………………………………………… (201)

任务 9　多任务处理程序 …………………………………………………………… (203)

1+X 证书技能要求 ………………………………………………………………… (203)
任务引入 …………………………………………………………………………… (203)
任务工单 …………………………………………………………………………… (204)
知识链接 …………………………………………………………………………… (205)
9.1.1 Multitasking 多任务处理 ……………………………………………… (205)
任务实施向导 ……………………………………………………………………… (208)
9.1.2 建立后台任务 …………………………………………………………… (208)
9.1.3 后台任务程序编写 ……………………………………………………… (210)
9.1.4 前台任务程序编写 ……………………………………………………… (212)
9.1.5 任务程序调试 …………………………………………………………… (213)
任务实施记录及验收单 …………………………………………………………… (217)
任务拓展 …………………………………………………………………………… (219)
知识测试 …………………………………………………………………………… (219)

任务 10　机器人系统的备份与恢复实现 ………………………………………… (221)

1+X 证书技能要求 ………………………………………………………………… (221)
任务引入 …………………………………………………………………………… (221)
任务工单 …………………………………………………………………………… (222)
知识链接 …………………………………………………………………………… (223)
10.1.1 系统备份与恢复的意义 ……………………………………………… (223)
10.1.2 备份文件夹信息 ……………………………………………………… (223)
任务实施向导 ……………………………………………………………………… (224)
10.1.3 通过示教器完成系统备份与恢复 …………………………………… (224)
10.1.4 通过软件获得控制权的方法完成系统备份与恢复 ………………… (226)
任务实施记录单及验收单 ………………………………………………………… (231)
任务拓展 …………………………………………………………………………… (233)
知识测试 …………………………………………………………………………… (234)

任务 1

建立 ABB 机器人虚拟工作站

 1+X 证书技能要求

工业机器人应用编程证书技能要求（中级）		
工作领域	工作任务	技能要求
3. 离线编程	3.1 仿真环境搭建	3.1.1 能够创建基础工作站
工业机器人集成应用（中级）		
工作领域	工作任务	技能要求
3. 工业机器人系统调试与优化	3.1 工作站虚拟仿真	3.1.1 能使用离线编程软件，搭建虚拟工作站并进行模型定位与校准

课件 建立 ABB 机器人虚拟工作站

视频 跟我学-RobotStudio 软件介绍

任务引入

工业机器人编程是工业机器人应用编程、工业机器人操作与运维、工业机器人集成应用等 4 个相关 1+X 职业技能等级证书的核心支撑课程。工业机器人编程是一门实践性非常强的应用技术，需要大量编程训练获得编程调试技能。但工业机器人本体价格昂贵，动辄十几万元甚至几十万元，使得每个学习者使用真实机器人学习成为奢望。再加上如果初学者不熟悉机器人编程，直接真机操作危险性太大。即便对于基本编程熟练的学习者，真实机器人的控制系统除基本功能选项包外，更多应用功能选项包都需要额外付费购买，因此对于复杂功能编程的学习也很难通过真实机器人得到满足。但是，ABB 提供了一款学习机器人编程的软件 RobotStudio，它提供了和真实示教器几乎完全一样的虚拟示教器 Flexpendant，可满足初学者编程练习；也提供了各种免费的功能选项包供高级编程爱好者生成系统使用；同时还提供了多种 Smart 组件供机器人系统集成工程师进行系统仿真调试、工作流程验证以及工作节拍优化等。因此，RobotStudio 是学习 ABB 机器人编程的必备软件，我们在 RobotStudio 虚拟工作站中进行编程练习与调试，在真机中进行验证，这样虚实结合，必定事半功倍。

1

任务工单

任务名称	建立 ABB 机器人虚拟工作站		
设备清单	个人计算机最低配置要求：Windows 7 或以上操作系统，i7 或以上 CPU，8GB 或以上内存，20GB 以上空闲硬盘，独立显卡	实施场地	具备计算机、能上网即可，也可以在机房、ABB 机器人实训室（后续任务大都可以在具备条件的实训室或装有软件的机房完成）
任务目的	通过学习软件的官网下载与安装，初步搭建学习机器人的环境；通过机器人系统的建立，初步了解机器人系统的组成；通过工作站的解包和打包操作，初步建立机器人编程应用平台		
任务描述	能够在 ABB 官网上找到 RobotStudio 软件的安装包，下载并正确安装在个人计算机中；能够使用"从布局到系统……"方式生成工业机器人系统，并打包成工作站文件；能够解包课程提供的机器人工作站，为后续任务实施搭建机器人系统应用平台		
素质目标	培养学生安全规范意识、纪律意识；培养学生主动探究新知的意识；培养学生严谨、规范的工匠精神		
知识目标	了解 ABB 机器人编程软件 RobotStudio 的功能；了解 RobotStudio 软件界面及功能；了解其他品牌机器人常用仿真软件；了解机器人工作站的构成；了解 ABB 机器人常用功能选项包		
能力目标	会在 ABB 官网进行 RobotStudio 软件的下载；能正确安装 RobotStudio 软件；会生成机器人基本系统；会进行机器人工作站的解包操作；会进行机器人工作站的打包操作		
验收要求	在自己的计算机上成功安装 RobotStudio 软件，并成功将提供的工作站文件进行解包，为后续任务完成平台搭建。详见任务实施记录单和任务验收单		

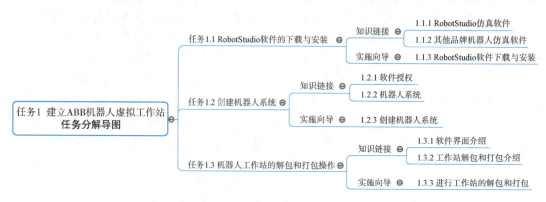

任务 1.1　RobotStudio 软件的下载与安装

知识链接

1.1.1　RobotStudio 仿真软件

ABB RobotStudio 是瑞士 ABB 公司的一款非常强大的机器人仿真软件，工业机器人仿真是指通过计算机对实际的机器人系统进行模拟的技术。机器人系统仿真可以通过单机或多台机器人组成的工作站或生产线实现。通过系统仿真，可以在制造单机与生产线之前模拟出实物，缩短生产工期，也可以避免不必要的返工。

RobotStudio 是建立在 ABB Virtual Controller 上的。在软件中导入机器人模型，建立基本的机器人系统后，初学者可以打开虚拟示教器进行工业机器人基础操作。该虚拟示教器与真机示教器基本一致，如图 1-1 所示，极大地方便初学者学习。

视频　真实示教器展示　　　　　　　　　视频　虚拟示教器展示

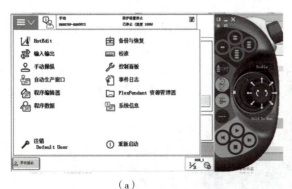

(a)　　　　　　　　　　　　　　　(b)

图 1-1　虚拟示教器和真实示教器对比图
(a) 虚拟示教器；(b) 真实示教器

对于有一定应用基础的机器人使用者，可以在 RobotStudio 中增加新的应用功能选项包，如焊接、喷涂等功能，来开发新的机器人程序。如果配合使用软件中的 Smart 组件，就可以在办公室个人计算机中轻易地模拟现场生产过程，无须花巨资购买昂贵的设备；就可以明确地让客户和主管了解开发和组织生产过程的情况，它可以在计算机中生成一个虚拟的机器人，帮助用户进行离线编程，就像计算机有个真实的机器人一样，可以帮助提高生产率，降低购买与实施机器人解决方案的总成本。因此，该软件不仅用于学校、教育培训机构教

学，还常用于实际工业生产。RobotStudio 软件界面如图 1-2 所示。

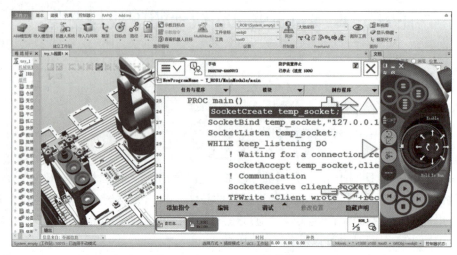

图 1-2　RobotStudio 软件界面

1.1.2　其他品牌机器人仿真软件

由于工业机器人离线编程与仿真软件是工业机器人应用与研究不可缺少的工具，下面再介绍几款其他品牌机器人仿真软件。常用的其他品牌机器人仿真软件有 PQArt（原 RobotArt）、RobotMaster、FANUC 的 RoboGuide、Yaskawa 的 Motosim、KUKA 的 Simpro 等。

1. PQArt

PQArt 是北京华航唯实出品的一款国产离线编程与仿真软件，该软件可以根据几何模型的信息生成机器人运动轨迹，之后进行轨迹仿真、路径优化、后置代码等，同时集碰撞检测、场景渲染、动画输出于一体，可快速生成效果逼真的模拟动画。PQArt 一站式解决方案使得其使用简单，学习起来比较容易上手。官网可以下载该软件，并免费试用。RobotArt 的软件界面如图 1-3 所示。

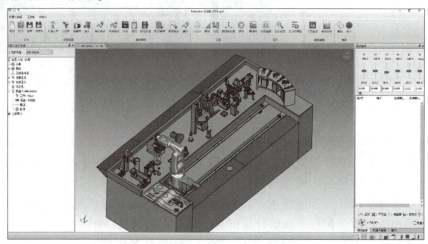

图 1-3　RobotArt 的软件界面

技术特点及优势：支持多种格式的三维 CAD 模型，可导入扩展名为 step、igs、stl、prt（UG）、prt（ProE）、CATPart、sldpart 等格式；支持多种品牌工业机器人离线编程操作，如 ABB、KUKA、FANUC、Yaskawa、Staubli、KEBA 系列、新时达、广数等；可自动识别与搜索 CAD 模型的点、线、面信息生成轨迹；轨迹与 CAD 模型特征关联，模型移动或变形，轨迹自动变化；一键优化轨迹与几何级别的碰撞检测；支持多种工艺包，如切割、焊接、喷涂、去毛刺、数控加工；支持将整个工作站仿真动画发布到网页、手机端。

2. RobotMaster

RobotMaster 是加拿大的离线编程与仿真软件，支持商场上绝大多数机器人品牌，如 KUKA、ABB、FANUC、Staubli 等，软件提供了可视化的交互式仿真机器编程环境，支持离线编程、仿真模拟、代码生成等操作，并且可以自动优化机器人的动作。RobotMaster 离线编程软件界面如图 1-4 所示。

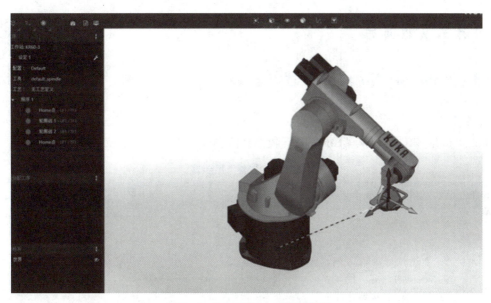

图 1-4　RobotMaster 软件界面

技术特点及优势：按照产品数模生成程序；具有独家的优化功能；运动学规划和碰撞检测非常精确；支持复合外部轴组合系统。

3. RoboDK

离线仿真软件 RoboDK 是一款多平台多功能的机器人离线仿真软件，RoboDK 支持 ABB、KUKA、FANUC、安川、柯马、汇博、埃夫特等多种品牌机器人的离线仿真。RoboDK 离线仿真软件根据几何数模的拓扑信息生成机器人的运动轨迹，实现轨迹仿真、路径规划，同时集碰撞检测、生成相应品牌的离线程序、Python 功能、机器人运动学建模、场景渲染、动画输出于一体，可以让使用者迅速掌握机器人的基础操作、机器人编程、机器人运动学建模等知识。其软件界面如图 1-5 所示。

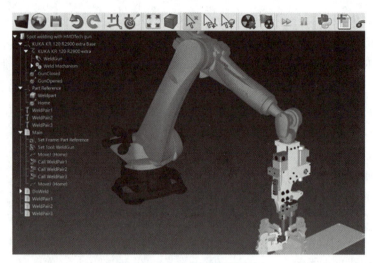

图 1-5 RoboDK 软件界面

任务实施向导

1.1.3 RobotStudio 软件下载与安装

视频 跟我做-官网下载软件并安装

1. 软件下载

RobotStudio 软件可以从 ABB 官网下载，具体操作如表 1-1 所示。

表 1-1 软件下载步骤

操作步骤	操作说明	示意图
1	在浏览器中输入网址：www.robotstudio.com；按 Ctrl + Enter 组合键，链接界面如右图所示。默认为英文，全球网站	
2	下拉网页，找到"Downloads"，单击下载；跳转到下载界面，下拉网页找到 Download RobotStudio 下载链接	

续表

操作步骤	操作说明	示意图
3	用鼠标左键单击下载,弹出文件保存路径,选择路径进行文件保存。下载完成	弹出下载文件名称

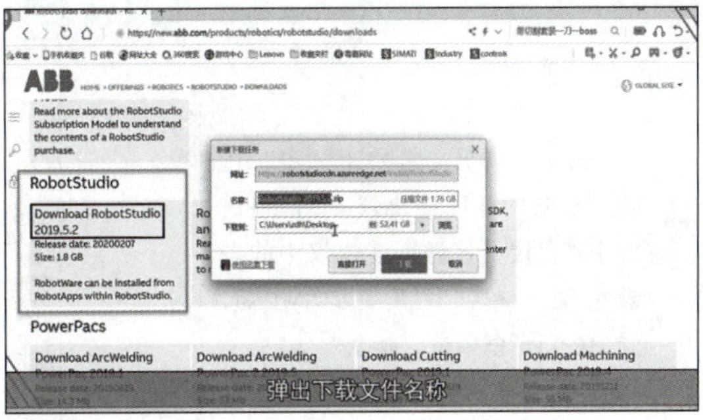

2. 软件安装

安装 RobotStudio 软件,计算机系统配置建议如表 1-2 所示。

表 1-2 计算机系统配置建议

硬件	要求
硬盘	空闲 20GB 以上
CPU	i7 或以上
内存	8 GB 或以上
显卡	独立显卡
操作系统	Windows 7 或以上

提示:安装软件前,建议关闭计算机中的防火墙。
软件安装具体操作如表 1-3 所示。

表 1-3 软件安装具体操作步骤

操作步骤	操作说明	示意图(注意:下面所有操作以 RobotStudio_6.08.01 为例)
1	将下载的 RobotStudio 安装包解压,在解压后的文件夹中找到图示的安装启动程序"setup.exe",左键双击开始安装	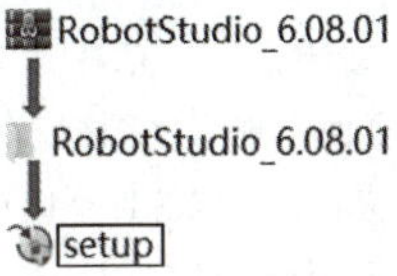 RobotStudio_6.08.01 → RobotStudio_6.08.01 → setup
2	语言选择"中文",单击"确定"按钮,之后单击"下一步"按钮	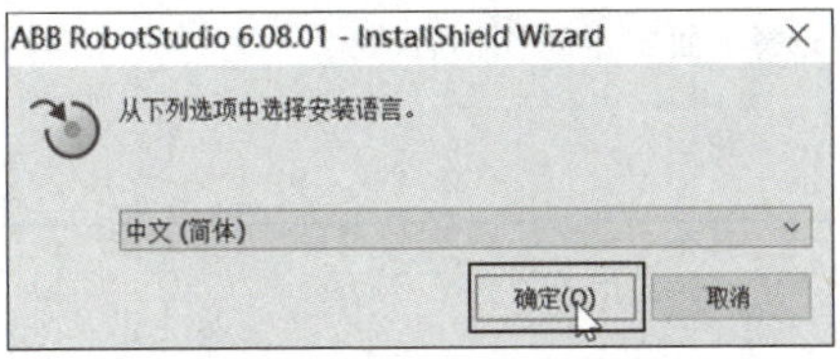 ABB RobotStudio 6.08.01 - InstallShield Wizard 从下列选项中选择安装语言。 中文(简体) 确定(Q) 取消

续表

操作步骤	操作说明	示意图（注意：下面所有操作以 RobotStudio_6.08.01 为例）
3	按安装向导单击"下一步"按钮。出现"许可证协议"对话框，选中"我接受该许可证协议中的条款"，之后单击"下一步"按钮，弹出的对话框中选"接受"	
4	单击"更改"按钮可以修改程序的安装路径。 提示：建议选择默认安装路径。建议安装路径中不要出现中文字符	
5	选择"完整安装"后单击"下一步"按钮，之后单击"安装"按钮，等待程序安装	
6	程序安装完成后，单击"完成"按钮；桌面出现程序图标。对于 64 位的计算机，一般选择下面 64 位的图标启动，对于 32 位的计算机选择上面 32 位的图标启动	

任务 1.2　创建机器人系统

知识链接

1.2.1　软件授权

在第一次正确安装 RobotStudio 以后，软件提供 30 天的全功能高级版免费试用。30 天以后，如果还未进行授权操作，则只能使用基本版的功能。打开软件后授权信息如图 1-6 所示。

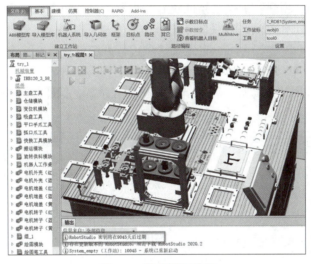

图 1-6　软件授权信息

基本版软件提供基本的 RobotStudio 功能，如配置、编程、运行虚拟控制器；通过以太网对实际控制器进行编程、配置和监控等在线操作。

高级版提供 RobotStudio 所有的离线编程功能和多机器人的仿真功能。高级版中包含基本版中的所有功能。高级版必须进行激活才能使用。

针对学校，有学校版的 RobotStudio 软件用于教学。

1.2.2　机器人系统

机器人如同个人计算机，若要使用，必须有系统支持，机器人只有安装了系统，才具备电气特性，才能进行运动操作及编程等。同时机器人的应用软件也如同个人计算机，有了系统软件的支持之后，才能安装各种应用软件，供学习者使用。

ABB 机器人 ICR5 控制器的系统软件为 RobotWare，在 RobotWare 系列中有不同的产品类别。其中 RobotWare-OS 是机器人的操作系统，RobotWare-OS 为基础机器人编程和运行提供了所有必要的功能。RobotWare 还提供了一些选件，这些选件产品是在 RobotWare-OS 上运行的选件，是为需要动作控制、通信、系统工程或应用等附加功能的机器人用户准备的。RobotWare 还提供了一些生产应用选件，如点焊、弧焊和喷涂等的特定生产应用的扩展包，它们主要是为了提升生产成果和简化应用的安装与编程而设计的。此外，RobotWare Add-ins 选件是自包含包，可扩展机器人系统的功能。ABB Robotics 的部分软件产品是以 Add-ins 的形式发布的，如导轨运动 IRBT、定位器 IRBP 和独立控制器等。

任务实施向导

1.2.3 创建机器人系统

视频 跟我做-在仿真软件中生成工业机器人基本系统

机器人系统的创建方式有 3 种。分别如下。

（1）"从布局…"创建：根据已经创建好的机器人及外围布局进行系统创建，常用于布局完工作站后进行系统创建。

（2）"新建系统…"创建：可以自定义选项进行系统创建。

（3）"已有系统…"创建：添加已有的备份系统到工作站。

新建工作站，并用"从布局…"方式创建机器人系统，操作步骤如表 1-4 所示。

表 1-4　用"从布局…"新建工作站创建机器人系统的步骤

操作步骤	操作说明	示意图
1	打开 RobotStudio 软件后，选中"文件"菜单，单击"新建"选项，选择"空工作站"选项，单击"创建"按钮创建一个新的空工作站	
2	在打开的 RobotStudio 中，选中"基本"功能选项卡，单击"ABB 模型库"下面的下三角，选择想要导入的机器人型号	

任务1　建立ABB机器人虚拟工作站

续表

操作步骤	操作说明	示意图
3	根据实际情况选择对应版本，现在选择默认的IRB120，单击"确定"按钮。（在实际应用中，要根据项目的要求选定具体的机器人型号、承重能力及到达实际距离等参数）	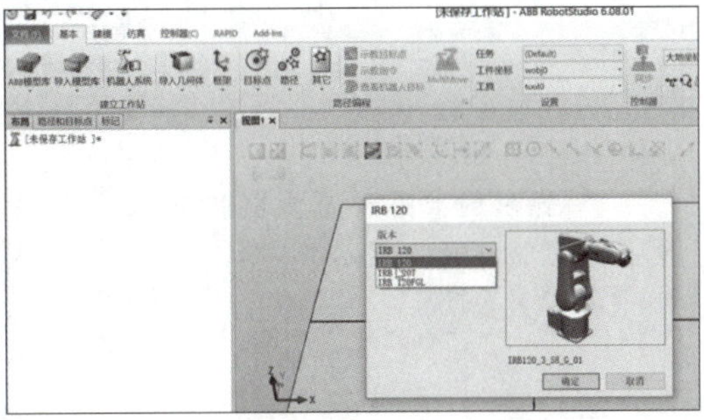
4	使用键盘与鼠标的按键组合调整工作站视图。 平移：Ctrl+鼠标左键。 缩放：滚动鼠标中间滚轮。 视角调整：Ctrl + Shift + 鼠标左键。 通过以上操作，可调整机器人到一个合适位置	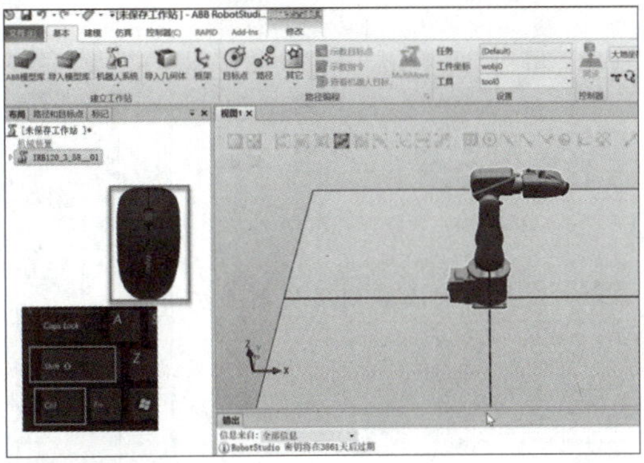
5	加载机器人工具：选中"基本"功能选项卡，单击"ABB模型库"下面的下三角，单击"设备"，拖动右侧滚动条至最下方，选择"myTool"，进行工具加载	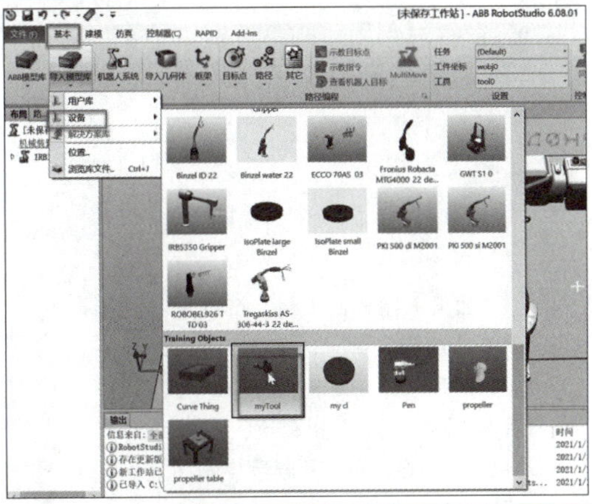
6	选中"MyTool"，按住左键，向上拖到"IRB120"后松开左键	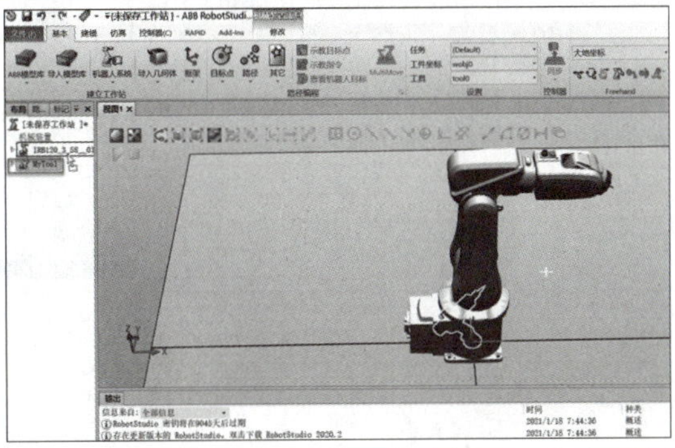

11

续表

操作步骤	操作说明	示意图
7	弹出的"是否希望更新MyTool的位置?"提示框,单击"是(Y)"按钮	
8	工具即安装到了机器人法兰盘	
9	如果不需要此工具,可以选中工具单击右键,选择"拆除"命令,即可拆除安装的工具。之后再选中工具单击右键,选择"删除"命令即可将其删除(或直接选中后,按键盘上的"Delete"键删除)	

续表

操作步骤	操作说明	示意图
10	"基本"选项卡下,选择"机器人系统",单击"从布局…"	
11	在出现的对话框中输入要生成的系统名称,此处默认"System1",选择生成系统的存储路径,单击"浏览"按钮可以更改系统存放路径。 特别提示:尽量使用默认路径,同时存放路径避免出现中文字符	
12	单击"下一个"按钮,直到出现"系统选项"对话框。单击编辑下的"选项"按钮	
13	打开"更改选项",在此窗口中选择配置机器人系统选项。选择"Default Language",勾选"Chinese"	

续表

操作步骤	操作说明	示意图
14	选择"Industrial Networks",勾选"709-1 DeviceNet Master/Slave"选项。此选项是第二代IRC5紧凑型控制柜标配。选择完成选项后,单击"确定"按钮。 注意:在使用真实机器人时,机器人系统在出厂时已经设置完成,无须此项操作	注意:如果在真实机器人中要增加系统选项,则需要向设备提供商购买,类似于汽车的零整比参数,单独购买选项往往价格昂贵,所以工程中设计系统时要有成本意识,以"必需、够用"为原则
15	查看所选系统选项。如果无误,单击"完成"按钮,之后就会在窗口的右下方看到进度条正在生成机器人的系统。至此,在仿真软件中创建完成了一个机器人的基本的控制系统	
16	系统创建完成后,单击"文件"菜单,选择"保存工作站为"命令,在打开的对话框中选择文件存储路径,输入工作站文件名称。如输入"testabb",单击"保存"按钮即可	
17	选择"控制器"选项卡,单击"示教器"打开示教器。接下来就可以在虚拟示教器中进行编程和其他操作了	

续表

操作步骤	操作说明	示意图
18	单击运行方式选择开关,单击选择"手动",这样才能修改编辑各个参数	
19	虚拟示教器键区功能标注 1. 急停按钮; 2. 机器人电机使能上电按钮; 3. 手动操纵摇杆; 4. 程序调试按键; 5. 运动方式切换; 6. 功能热键	

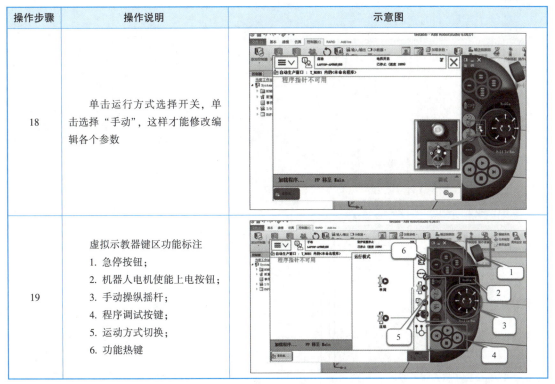

机器人基本系统创建完成后,打开虚拟示教器,切换到手动运行方式,单击使能上电后就可以通过摇杆来操作机器人的运动了,和真机示教器操作非常类似。接下来就可以在此环境下完成相关编程及仿真任务了。

任务 1.3　机器人工作站的解包和打包操作

知识链接

视频　跟我学-工作站解包和打包

1.3.1　软件界面介绍

软件界面上有"文件"、"基本"、"建模"、"仿真"、"控制器"、"RAPID"、"Add-Ins" 7 个选项卡。

（1）"文件"选项卡中包括新建工作站、连接到控制器、创建并制作机器人系统、RobotStudio 选项等功能，如图 1-7 所示。

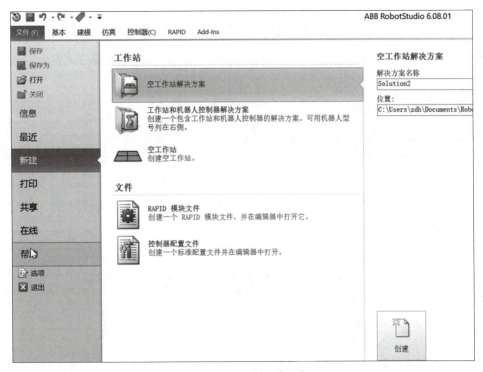

图 1-7　"文件"选项卡

（2）"基本"选项卡中包括建立工作站、路径编程、坐标系选择、移动物体所需要的控件等，如图 1-8 所示。

图 1-8　"基本"选项卡

（3）"建模"选项卡中包括创建工作站组件、建立实体、导入几何体、测量、创建机械装置和工具以及相关 CAD 操作所需的控件，如图 1-9 所示。

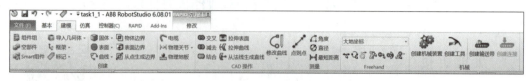

图 1-9 "建模"选项卡

（4）"仿真"选项卡，包括碰撞检测、仿真配置、控制、监控、信号分析、录制短片等控件，如图 1-10 所示。

图 1-10 "仿真"选项卡

（5）"控制器"选项卡包括控制器的添加、控制器工具、控制器的配置所需的控件，如图 1-11 所示。

图 1-11 "控制器"选项卡

（6）"RAPID"选项卡包括 RAPID 编辑器的功能、RAPID 文件的管理和用于 RAPID 编程的控件，如图 1-12 所示。

图 1-12 "RAPID"选项卡

（7）"Add-Ins"选项卡包括 RobotApps 社区、RobotWare 的安装和迁移等控件，如图 1-13 所示。

图 1-13 "Add-Ins"选项卡

对于初学者，时常会遇到操作窗口被意外关闭，从而无法找到操作对象和查看相关信息的情况，此时可以通过恢复"默认布局"来恢复默认 RobotStudio 界面。其操作步骤如图 1-14 所示。

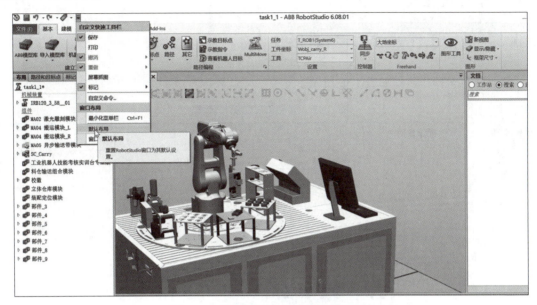

图 1-14 恢复"默认布局"操作示意图

1.3.2 工作站解包和打包介绍

1. 打包

打包（Pack & Go）用于将工作站、库和机器人系统保存到一个文件中，此文件方便再次分发，且可以保证不会缺失任何工作站组件。打包文件的扩展名为 .rspag。

2. 解包

解包时可以根据解包向导将打包（Pack & Go）生成的工作站文件进行解包。控制器系统将在解包文件中生成，如果有备份文件，备份文件将自动回复。

3. 工作站仿真

解包后的工作站，如果设置好了仿真效果，可以在"仿真"选项卡下单击"播放"按钮进行仿真运行，以检查工作站功能的实现效果。通常还可以录制 MP4 视频类型的文件。也可以将工作站中的工业机器人运行效果录制成视图形式的视频，即生成".exe"形式的可执行文件，以便在没有安装 RobotStudio 的计算机中查看机器人的运行。

视频 搬运工作站仿
真运行视频

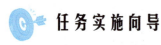任务实施向导

1.3.3 进行工作站的解包和打包

解包和打包操作步骤如表 1-5 所示。

表 1-5 解包和打包操作步骤

操作步骤	操作说明	示意图
1	在"文件"选项下,单击"共享",选择"解包"选项	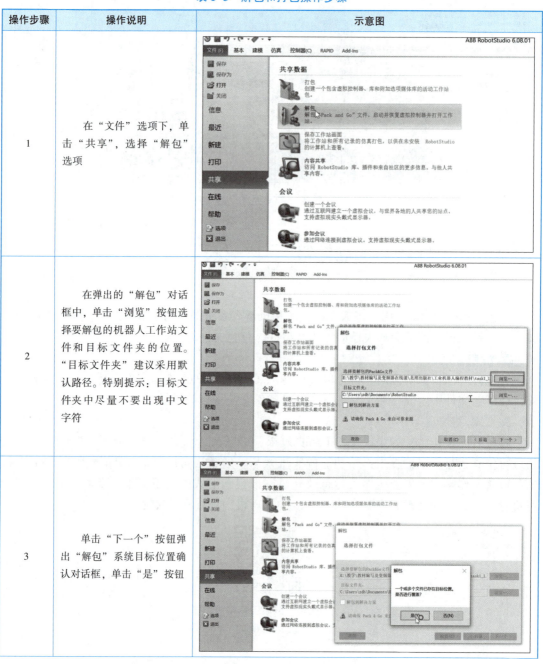
2	在弹出的"解包"对话框中,单击"浏览"按钮选择要解包的机器人工作站文件和目标文件夹的位置。"目标文件夹"建议采用默认路径。特别提示:目标文件夹中尽量不要出现中文字符	
3	单击"下一个"按钮弹出"解包"系统目标位置确认对话框,单击"是"按钮	

续表

操作步骤	操作说明	示意图
4	选中"从本地 PC 加载文件"单选按钮，单击"下一个"按钮	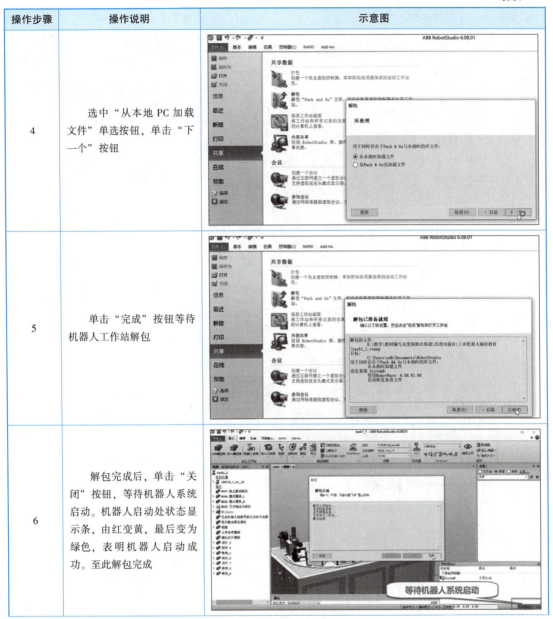
5	单击"完成"按钮等待机器人工作站解包	
6	解包完成后，单击"关闭"按钮，等待机器人系统启动。机器人启动处状态显示条，由红变黄，最后变为绿色，表明机器人启动成功。至此解包完成	

续表

操作步骤	操作说明	示意图
7	打包操作：在"文件"选项卡下，单击"共享"，选择"打包"选项	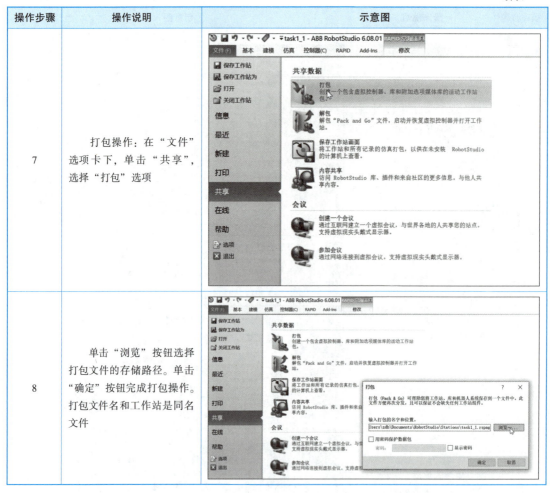
8	单击"浏览"按钮选择打包文件的存储路径。单击"确定"按钮完成打包操作。打包文件名和工作站是同名文件	

任务实施记录及验收单1

任务名称	在 RobotStudio 软件中创建机器人系统		实施日期	
任务要求	要求：自己下载 RobotStudio 软件，并成功安装在自己的笔记本电脑或台式机上。在软件中创建机器人系统			
计划用时			实际用时	
组别			组长	
组员姓名				
成员任务分工				
实施场地				
所需设备（或环境）清单	请列写所需设备或环境，并记录准备情况。若列表不全，请自行增加需补充部分			
	清单列表	要点记录	清单列表	要点记录
	网络环境		CPU	
	计算机硬盘		内存	
	操作系统		显卡	
	RS 软件版本		RS 软件授权	
	补充：			
成本核算	（完成任务涉及的工程成本） 所用工时： 电能消耗： 设备损耗： 机器人系统价格（包含本体、示教器、控制柜等必需设备）： ……			
实施步骤与信息记录	（任务实施过程中重要的信息记录，是撰写工程说明书和工程交接手册的主要文档资料） 软件资源下载地址 程序安装路径： 软件授权： 机器人系统选项： 上机操作安全： ……			
遇到的问题及解决方案	列写本任务完成过程中遇到的问题及解决方案，并提供纸质或电子文档			

续表

任务名称		在 RobotStudio 软件中创建机器人系统		实施日期	
自我检测评分点	项目列表	自我检测要点	配分	得分	
	基本素养	纪律（无迟到、早退、旷课）	10		
		安全规范操作，符合 5S 管理规范	10		
		团队协作能力、沟通能力	10		
	理论知识	网教平台理论知识测试	10		
	工程技能	能找到软件资源	10		
		正确成功安装 RobotStudio 软件	10		
		会创建机器人系统	10		
		会打开虚拟示教器并操作机器人运行	10		
		撰写软件安装及机器人系统生成的操作说明书	10		
		撰写成本核算清单，并且依据充分、合理	10		
	总评得分				
	综合评价 1. 目标完成情况 _____ _____ _____ _____ 2. 存在问题 _____ _____ _____ _____ 3. 改进方向 _____ _____ _____ _____				

任务实施记录及验收单 2

任务名称	机器人工作站的解包和打包		实施日期	
任务要求	要求：下载课程提供的工作站 task1_1，解包后，录制工程的仿真视频文件和视图文件，文件名称为 task1_小组号，之后将工作站中打包为 task1_小组号			
计划用时			实际用时	
组别			组长	
组员姓名				
成员任务分工				
实施场地				
课程提供搬运工作站所需硬件设备（或环境）清单	请列写所需设备或环境，并记录准备情况。若列表不全，请自行增加需补充部分			
	清单列表	主要器件及辅助配件		
	机器人系统			
	传感系统			
	执行系统			
	其他辅助系统			
成本核算	（搬运工作站的硬件组成工程成本） 机器人系统： 传感系统： 执行系统： 其他辅助系统：			
实施步骤与信息记录	（任务实施过程中重要的信息记录，是撰写工程说明书和工程交接手册的主要文档资料） 解包工作站文件及存放路径： 解包系统存放路径： 录制的视频文件及存放路径： 录制的视图文件及存放路径： 打包后的工作站文件： ……			
遇到的问题及解决方案	列写本任务完成过程中遇到的问题及解决方案，并提供纸质或电子文档			

续表

任务名称		机器人工作站的解包和打包		实施日期	
自我检测评分点	项目列表	自我检测要点		配分	得分
	基本素养	纪律（无迟到、早退、旷课）		10	
		安全规范操作，符合5S管理规范		10	
		团队协作能力、沟通能力		10	
	理论知识	网教平台理论知识测试		20	
	工程技能	成功解包工作站		5	
		录制工作站视频文件，并按要求命名		10	
		录制工作站视图文件，并按要求命名		10	
		打包工作站并按要求命名		5	
		撰写仿真视频录制操作说明书		10	
		撰写成本核算清单，并且依据充分、合理		10	
	总评得分				
	综合评价 1. 目标完成情况 _____ _____ _____ _____ 2. 存在问题 _____ _____ _____ _____ 3. 改进方向 _____ _____ _____ _____				

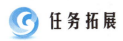 任务拓展

RobotStudio 与真实机器人的连接

通过 RobotStudio 与真实机器人连接，可用 RobotStudio 的在线功能对机器人进行监控、设置、编程与管理。

将网线的一端连接到计算机的网络端口，并将计算机设置成自动获取 IP 地址，网线的另一端与机器人控制器的专用网线端口进行连接。一般 ICR5 的控制柜分为标准型和紧凑型，应按照实际情况进行连接。对于紧凑型的 ICR5 控制柜，将网线的另一端连接到控制柜的 X2 SERVICE 端口，如图 1-15 所示。

图 1-15 RobotStudio 与紧凑型 ICR5 控制柜的连接

硬件连接成功后，可以通过"一键连接"和"添加控制器"两种方法建立与真实机器人的连接，如图 1-16 所示。

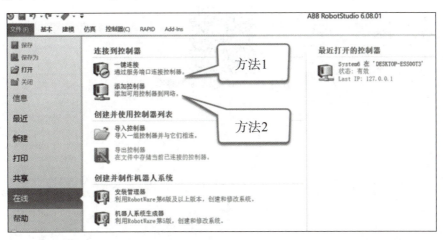

图 1-16 RobotStudio 在线连接控制器方法

连接成功后，可以通过 RobotStudio 的在线功能对机器人进行 RAPID 程序的编写、I/O 信号的编辑以及其他参数的设定与修改。

知识测试

1. 单选题

（1）RobotStudio 软件官网下载地址是（　　）。

A．http：//www.robotstudio.com/　　　B．http：//www.abb.com/

C．http：//www.robotpartner.com/　　　D．http：//www.abbrobot.com/

（2）软件第一次安装时，提供（　　）天的全功能高级版免费试用。

A．30　　　B．15　　　C．60　　　D．10

（3）在 RobotStudio 中创建机器人系统的方式有（　　）种。

A．4　　　B．3　　　C．2　　　D．1

（4）不创建虚拟控制系统，RobotStudio 软件中机器人的（　　）操作无效。

A．机械手动关节　　　　　　B．机械手动线性

C．回到机械原点　　　　　　D．显示工作区域

（5）RobotStudio 软件中，在 XY 平面上移动工件的位置，可选中 Freehand 中（　　）按钮，再拖动工件。

A．移动　　　B．拖曳　　　C．旋转　　　D．手动关节

2. 判断题

（1）工业机器人在工作时，工作范围内可以站人。（　　）

（2）RobotStudio 的基本版和高级版的功能都支持多机器人仿真。（　　）

（3）在 RobotStudio 中，做保存工作时可以将保存的路径和文件名称使用中文字符。（　　）

（4）绝大多数机器人在默认情况下，基坐标与大地坐标是重合的。（　　）

（5）机器人大部分坐标系都是笛卡儿直角坐标系，符合右手定则。（　　）

任务 1　知识测试参考答案

任务 2

单工件搬运任务实现

 1+X 证书技能要求

课件 单工件搬运任务实现

工业机器人应用编程证书技能要求（初级）		
工作领域	工作任务	技能要求
3. 工业机器人示教编程	3.1 基本程序示教编程	3.1.1 能够使用示教盒创建程序，对程序进行复制、粘贴、重命名等编辑操作 3.1.2 能够根据工作任务要求使用直线、圆弧、关节等运动指令进行示教编程 3.1.3 能够根据工作任务要求修改直线、圆弧、关节等运动指令参数和程序
工业机器人应用编程证书技能要求（中级）		
工作领域	工作任务	技能要求
3. 工业机器人系统离线编程与测试	3.3 编程仿真	3.3.1 能够根据工作任务要求实现搬运、码垛、焊接、抛光、喷涂等典型工业机器人应用系统的仿真 3.3.2 能够根据工作任务要求实现搬运、码垛、焊接、抛光、喷涂等典型应用的工业机器人系统的离线编程和应用调试

 任务引入

视频 单个工件搬运（虚拟仿真）

近年来，随着国内人口红利的逐渐下降，企业用工成本不断上涨，尤其是在重复性劳动的行业，机器人代替人类已逐年上升。在全球工业机器人市场，搬运机器人销量最高，规模达到 94.5 亿美元，占比 61%；其次为装配机器人，占比 16%，高于焊接机器人占比 4 个百分点。搬运机器人的出现，不仅可提高产品的质量与产量，而且对保障人身安全、改善劳动环境、减轻劳动强度、提高劳动生产率、节约原材料消耗以及降低成本有着十分重要的意义，机器人搬运物料将变成自动化生产制造的必备环节，搬运行业也将因搬运机器人出现而开启一个"新时代"。在完成搬运任务过程中，物料的时区和放置程序是如何实现的呢？

任务工单

任务名称	单工件搬运任务实现		
设备清单	IRB120 机器人本体；紧凑型控制柜、示教器等；工件台、工件库等辅助设备；电路、气源等辅助设备；导线、螺丝刀、万用表等工具	实施场地	具备条件的 ABB 机器人实训室（若无实训设备也可在装有 RobotStudio 软件的机房利用虚拟工作站完成）；空工作站：model_2-0；完成编写任务工作站：model_2-1
任务目的	会进行搬运任务的运动规划，并绘制程序流程图；能做好机器人目标点示教前的准备工作（包括工件坐标建立、工具数据建立等）；熟悉基本运动指令的指令格式；熟练描述运动指令中每个参数的含义		
任务描述	机器人将工件从规定的拾取点搬运到指定的放置点，对单工件的搬运任务进行运动路径规划。能够在实训室工作站完成手动示教编程，并实现单工件搬运离线编程和运行		
素质目标	夯实基础，培养学生对知识的总结和深入思考的能力；培养学生安全意识、工程意识、绿色生产意识；培养学生自主探究能力和团队协作能力；通过离线编程，培养学生的节能意识、安全意识以及精益求精的工匠精神		
知识目标	掌握基本运动指令的编程规则；完成单工件搬运运动路径规划；完成单工件搬运程序的编写、运行和调试；掌握用离线编程的方法进行工件拾取和放置程序编写、优化、仿真调试		
能力目标	会用基本运动指令和 I/O 指令编写物料拾取和放置的例行程序；会进行程序的运行和调试；能够在 RobotStudio 中利用离线捕捉的方式示教目标点；会利用离线编程的方法进行工件拾取和放置程序编写以及运行调试		
验收要求	能够在实训室工作站中完成单工件搬运任务程序的编写、运行和调试，并自动运行；能够在 RobotStudio 中完成单工件搬运任务离线仿真程序运行和调试		

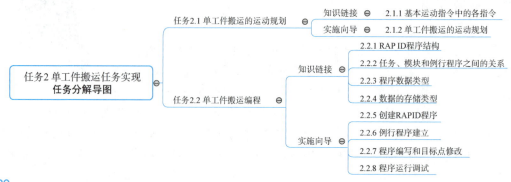

任务 2.1　单工件搬运的运动规划

视频　跟我学-基本运动和I/O控制指令讲解

2.1.1　基本运动指令中的各指令

运动指令是指以指定的移动速度和移动方法使机器人向作业空间内的指定位置进行移动的控制语句。

ABB 机器人在空间中的运动主要有关节运动（MoveJ）、线性运动（MoveL）、圆弧运动（MoveC）和绝对位置运动（MoveAbsJ）4 种方式。

1. 关节运动指令 MoveJ

关节运动是指机器人从起始点以最快的路径移动到目标点，这是时间最短也是最优化的轨迹路径，最快的路径不一定是直线，由于机器人做回转运动，且所有轴的运动都是同时开始和结束，所以机器人的运动轨迹无法精确预测，如图 2-1 所示，这种轨迹的不确定性也限制了这种运动方式只适合于机器人在空间大范围移动且中间没有任何遮挡物，所以机器人在调试以及试运行时，应该在阻挡物体附近降低速度来测试机器人的移动特性；否则可能发生碰撞并由此造成部件、工具或机器人损伤的后果。

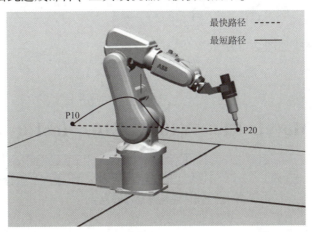

图 2-1　关节运动

关节运动指令格式如图 2-2 所示。

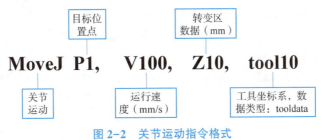

图 2-2　关节运动指令格式

2. 线性运动指令 MoveL

线性运动是机器人沿一条直线以定义的速度将 TCP 引至目标点，如图 2-3 所示，机器人从 P10 点以直线运动方式移动到 P20 点，从 P20 点移动到 P30 点也是以直线运动方式，机器人的运动状态是可控的，运动路径保持唯一，只是在运动过程中有可能出现死点，常用于机器人在工作状态的移动。一般如焊接、涂胶等对路径要求高的应用场合使用此指令。

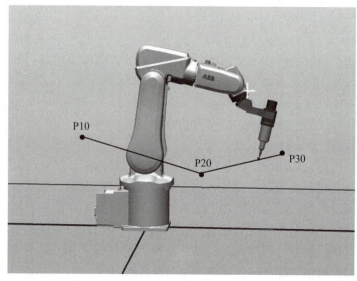

图 2-3　线性运动

线性运动指令格式如图 2-4 所示。

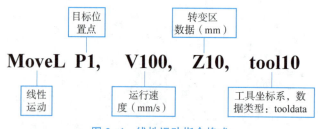

图 2-4　线性运动指令格式

3. 圆弧运动指令 MoveC

圆弧运动是机器人沿弧形轨道以定义的速度将 TCP 移动至目标点，如图 2-5 所示，弧形轨道是通过起始点、中间点和目标点进行定义的。直线运动指令以精确定位方式到达的目标点可以作为起始点，中间点是圆弧所经历的点，对于中间点来说，只是 X、Y 和 Z 起决定性作用。起始点、中间点和目标点在空间的一个平面上，为了使控制部分准确地确定这个平面，3 个点之间离得越远越好。

在圆弧运动中，机器人运动状态可控，运动路径保持唯一，常用于机器人在工作状态的移动。限制是机器人不可能通过一个 MoveC 指令完成一个圆。

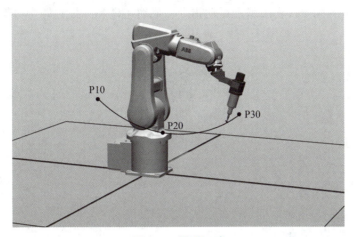

图 2-5 圆弧运动

圆弧运动指令格式如图 2-6 所示。

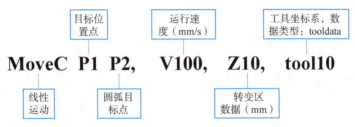

图 2-6 圆弧运动指令格式

4. 绝对位置运动指令 MoveAbsJ

绝对位置运动指令是机器人的运动使用 6 个轴和外轴的角度值来定义目标位置数据。MoveAbsJ 指令格式如图 2-7 所示。

注意：MoveAbsJ 常用于机器人 6 个轴回到机械零点（0 度）的位置。

图 2-7 绝对位置运动指令格式

观看二维码中的视频，利用基本运动指令完成轨迹任务（设置转弯数据）。

视频 基本运动
指令完成轨迹任务

任务实施向导

2.1.2 单工件搬运的运动规划

视频 跟我学-
单个工件搬运的
运动规划

搬运项目是将供料台的多个工件搬运到物料台。要完成此项目，首先要完成单个工件的搬运任务。

1. 提炼关键示教点

采用在线示教的方式编写单个工件搬运的作业程序。根据链接视频，提炼关键示教目标点。如图 2-8 所示，完成单个工件搬运至少需要 5 个位置点。分别如下。

（1）拾取工件等待点 P_pick_wait。
（2）拾取工件点 P_pick。
（3）放置工件等待点 P_put_wait。
（4）放置工件点 P_put。
（5）机器人等待点 P_home。

根据工作站设备实际布局，还有可能需要若干个过渡点。

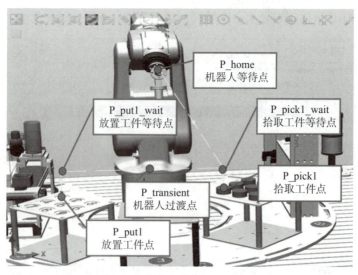

图 2-8 单个工件搬运运动轨迹

2. 单工件搬运运动路径规划

根据前面分析可知，工业机器人单个工件搬运的动作分为抓取工件、搬运工件、放下工件。抓取工件前，机器人处于 home 等待位（home 点），抓取动作中运动路径分别到拾取工件的等待点，一般采用 MoveJ 指令，实际工况如果对机器人运动到等待位的路径有严格要求，可选用线性运动（MoveL 指令）。紧接着，线性运动（MoveL 指令）到拾取工件点，精准到位后，用 set/reset 或 setdo、resetdo 指令配合拾取工件，具体用到哪个指令需看机器人末端工具是双控电磁阀控制还是单控电磁阀控制。如果是单控电磁阀只需执行 set 或 setdo 指令，如果是双控电磁阀需要置、复位指令配对使用。拾取工件后开始搬运，首先线性运动（MoveL 指令）到拾取工件等待点，经过渡点到放置工件等待点。其中过渡点不是必需的。要根据实际工况要求，和机器人的位姿进行灵活调整。接着要放下工件，此时需线性运动（MoveL 指令）到放置工件点，接着用 set/reset 或者 setdo、resetdo 配合，执行放置工件操作。放置完成后，线性运动（MoveL 指令）到放置工件等待点，之后回到 home 等待位，完成一个工件搬运任务。路径规划如图 2-9 所示。

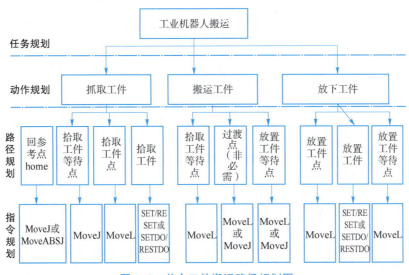

图 2-9　单个工件搬运路径规划图

3. 单工件搬运流程图绘制

要编制搬运任务程序，首先绘制其流程图。根据刚才的运动路径规划，搬运任务的程序流程图如图 2-10 所示。首先完成系统的初始化、初始化子程序中完成对机器人回原位、工具执行情况的检查、其他输出信号的检查以及其他限速、中断、通信的数据初始化。在此，首先不考虑中断、通信等其他数据的初始化，暂时只需完成机器人回 home 位，工具动作。之后进行工件抓取、工件搬运、工件放置、回到 home 位。

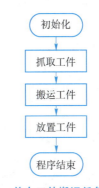

图 2-10　单个工件搬运任务流程框图

任务 2.2　单个工件搬运编程

知识链接

2.2.1　RAPID 程序结构

视频　跟我学-
RAPID 程序结构
及程序数据

在 ABB 工业机器人中，使用的编程语言是 RAPID，这是一种英文编程语言，包含了一连串控制机器人的指令，执行这些指令可以实现对 ABB 工业机器人的控制，包括移动机器人、设置输出、读取输入，还能实现决策、重复其他指令、构造程序、与系统操作员交流等功能。RAPID 编程语言由自己特定的词汇和语法编写而成，基本架构见表 2-1。

表 2-1　RAPID 程序基本架构

程序模块 1	程序模块 2	…	程序模块 n
程序数据	程序数据	…	程序数据
主程序 main	例行程序	…	例行程序
例行程序	中断程序	…	中断程序
中断程序	功能	…	功能
功能		…	

RAPID 程序的架构主要有以下几个特点。

（1）RAPID 程序是由程序模块与系统模块组成。一般地，只通过新建程序模块构建机器人程序，而系统模块多用于系统方面的控制。

（2）可以根据不同的用途创建多个程序模块，如专门用于主程序的程序模块、用于位置计算的程序模块、用于存放数据的程序模块，这样便于归类管理不同用途的例行程序与数据。

（3）每个程序模块包含了程序数据、例行程序、中断程序和功能 4 种对象，但并非每个模块中都有这 4 种对象，程序模块之间的数据、例行程序、中断程序和功能都是可以相互调用的。

（4）在 RAPID 程序中，只有一个主程序 main，并且存在于任意一个程序模块中，作为整个 RAPID 程序执行的起点。

2.2.2　任务、模块和例行程序之间的关系

一台机器人的 RAPID 程序由系统模块与程序模块组成，每个模块中可以建立若干程序，如图 2-11 所示。

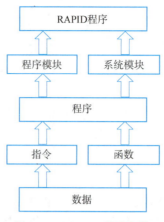

图 2-11　RAPID 程序架构

通常情况下，系统模块多用于系统方面的控制，而只通过新建程序模块来构建机器人的执行程序。机器人一般都自带 USER 模块与 BASE 模块两个系统模块，新建程序模块后会自动生成具有相应功能的模块，如图 2-12 所示。建议不要对任何自动生成的系统模块进行修改。

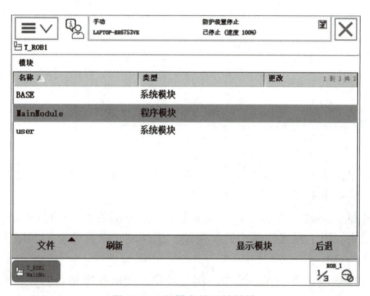

图 2-12　机器人的系统模块

在设计机器人程序时，可根据不同的用途创建不同的程序模块，如用于位置计算的程序模块、用于存储数据的程序模块，这样便于归类管理不同用途的例行程序与数据。

注意，在 RAPID 程序中只有一个主程序 main，并作为整个 RAPID 程序执行的起点，可存在于任意一个程序模块中。

每一个程序模块一般包含程序数据、程序、指令和函数 4 种对象。程序主要分为 Procedure、Function、Trap 三大类。Procedure 类型的程序没有返回值；Function 类型的程序有特定类型的返回值；Trap 类型的程序叫做中断例行程序，Trap 例行程序和某个特定中断连接，一旦中断条件满足，机器人将转入中断处理程序。

2.2.3 程序数据类型

程序数据是在程序模块或系统模块中设定值和定义一些环境数据。创建的程序数据由同一个模块或其他模块中的指令进行引用。ABB 工业机器人的程序数据共有 76 个，程序数据可根据实际情况进行创建。如图 2-13 所示，阴影框中是一条常用的机器人关节运动的指令（MoveJ），其中调用了 5 个程序数据。

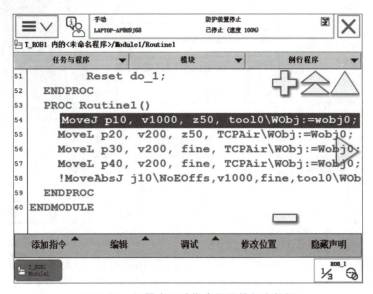

图 2-13　机器人运动指令调用的程序数据

在示教器中的"程序数据"窗口，可以查看和创建需要的程序数据，如图 2-14 所示。

图 2-14　程序数据类型

2.2.4 数据的存储类型

数据的存储类型有 3 种，分别为变量（VAR）、可变量（PERS）和常量（CONST），如图 2-15 所示。

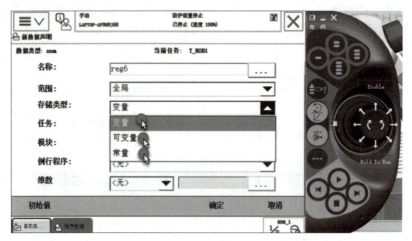

图 2-15 数据的存储类型

1. 变量 VAR

VAR 表示存储类型为变量。

变量型数据在程序执行过程中和停止时会保持当前的值。但如果程序指针复位或者机器人控制器重启，数值会恢复为声明变量时赋予的初始值。

例如：

VAR num length:= 0；名称为 length 的变量型数值数据，如图 2-16 所示。

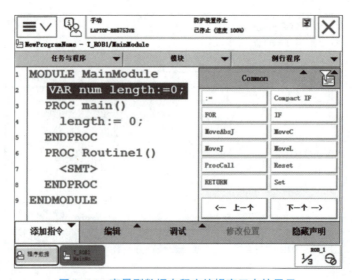

图 2-16 变量型数据在程序编辑窗口中的显示

2. 可变量 PERS

PERS 表示存储类型为可变量。

无论程序的指针如何变化,无论机器人控制器是否重启,可变量型的数据都会保持最后赋予的值。

例如:

PERS num nn1 := 0;名称为 nn1 的可变量型数值数据,如图 2-17 所示。

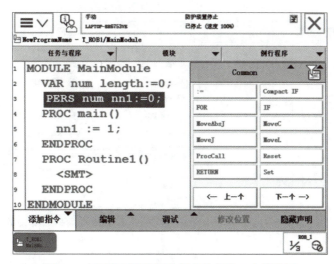

图 2-17 可变量型数据在程序编辑窗口中的显示

3. 常量 CONST

CONST 表示常量。

常量的特点是在定义时已赋予了数值,并不能在程序中进行修改,只能手动修改。

例如:

CONST num a := 0;名称为 a 的数值类型常量,如图 2-18 所示。

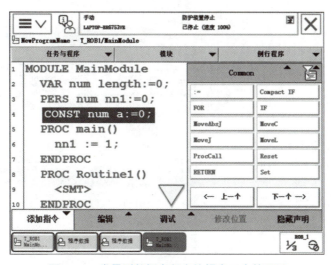

图 2-18 常量型数据在程序编辑窗口中的显示

任务实施向导

2.2.5 创建 RAPID 程序

创建 RAPID 程序的步骤如表 2-2 所示。

表 2-2 创建 RAPID 程序步骤

操作步骤	操作说明	示意图
1	将机器人控制柜上的旋钮置于"手动运行"模式。单击示教器主界面的"程序编辑器"菜单,打开程序编辑器,此时可以看到任务与程序界面	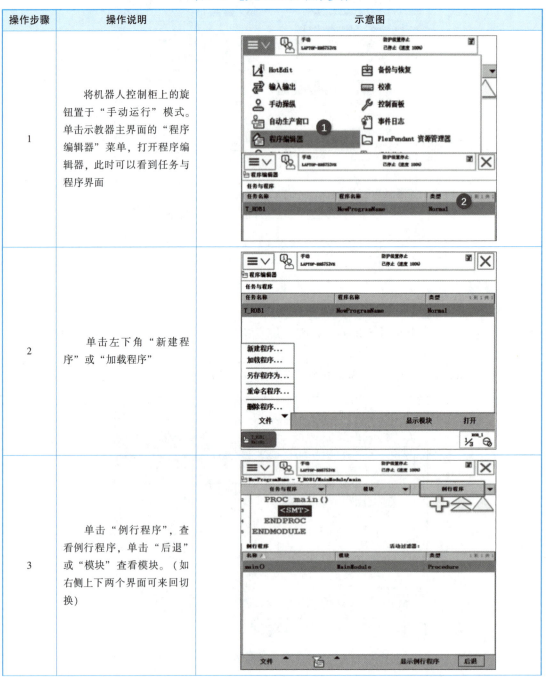
2	单击左下角"新建程序"或"加载程序"	
3	单击"例行程序",查看例行程序,单击"后退"或"模块"查看模块。(如右侧上下两个界面可来回切换)	

续表

操作步骤	操作说明	示意图
4	单击"文件"→"新建例行程序",给文件命名(默认为"Routine1"),单击"确定"按钮即可将例行程序新建完成	
5	单击"显示例行程序",可在图示界面进行例行程序的编写	

2.2.6 例行程序建立

1. 编程前数据准备

做好程序编制规划后,还需要做好各种参数设置,包含坐标模式、运动模式、速度,见表2-3。

视频 跟我做-单个工件搬运实现

表2-3 参数设置

操作步骤	操作说明	示意图
1	在示教过程中,需要在一定的坐标模式、运动模式和操作速度下手动控制机器人达到一定的位置,因此在示教运动指令前,必须选定好坐标模式、运动模式和速度	

续表

操作步骤	操作说明	示意图
2	利用三点法提前建立好物料台拾取工件坐标系 Wobj_carry_L、放置台工件坐标系 Wobj_carry_R，并利用四点法建立吸盘工具坐标系 TCPAir	

2. 建立例行程序（表2-4）

表2-4 建立例行程序

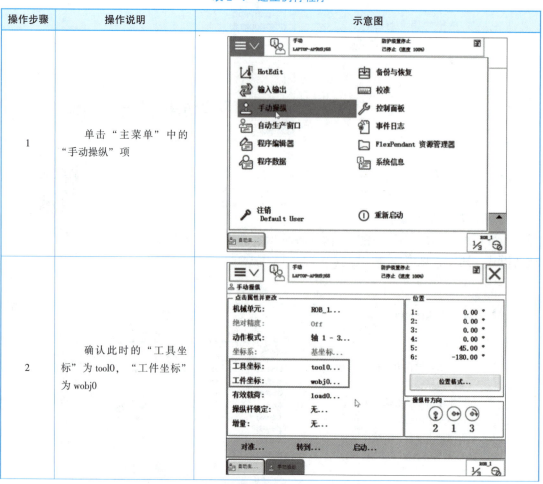

操作步骤	操作说明	示意图
1	单击"主菜单"中的"手动操纵"项	
2	确认此时的"工具坐标"为tool0，"工件坐标"为wobj0	

续表

操作步骤	操作说明	示意图
3	示教机器人的 Home 点：将机器人的 1、2、3、5 关节调整为 0°，4 关节调整为 45°，6 关节调整为 −180°，使机器人末端执行器垂直向下。此时，即为 home 点的位置	
4	单击示教器中的"程序编辑器"，打开程序编辑器界面；左键双击"Module1"程序模块	
5	打开程序编辑窗口，单击"例行程序"	

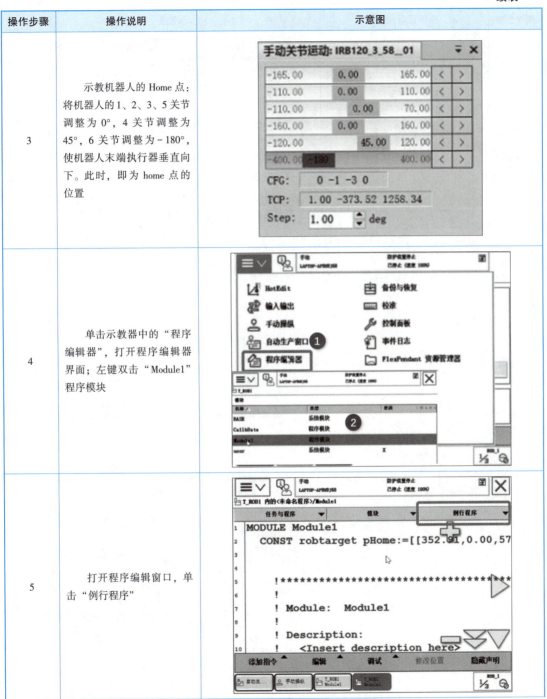

续表

操作步骤	操作说明	示意图
6	单击左下角"文件"→"新建例行程序…";将例行程序"名称"改为"main",单击"确定"按钮,此时例行程序建立完成	

2.2.7 程序编写和目标点修改

1. 物料拾取程序编写(表2-5)

表2-5 物料拾取程序编写步骤

操作步骤	操作说明	示意图
1	在例行程序界面单击"显示例行程序"按钮;再单击"添加指令"	
2	选择MoveJ指令,添加第一个点;并将其名称修改为"pHome",其他参数不用修改	

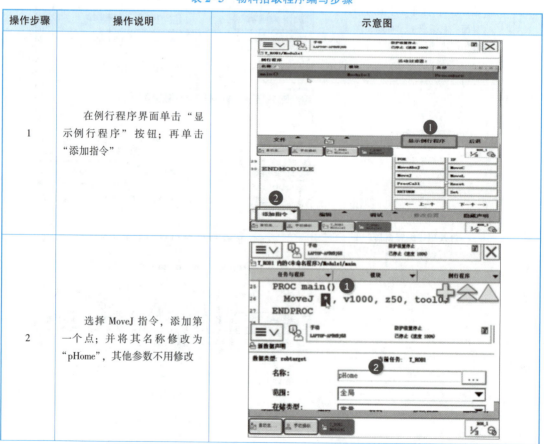

46

续表

操作步骤	操作说明	示意图
3	将转弯数据"z"修改为"fine",单击"确定"按钮;选中"pHome"点,单击"修改位置",修改此时的位置为home点	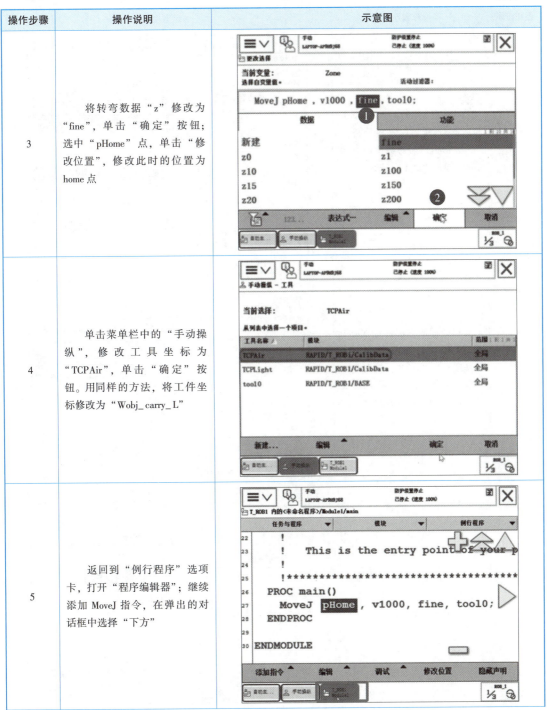
4	单击菜单栏中的"手动操纵",修改工具坐标为"TCPAir",单击"确定"按钮。用同样的方法,将工件坐标修改为"Wobj_carry_L"	
5	返回到"例行程序"选项卡,打开"程序编辑器";继续添加 MoveJ 指令,在弹出的对话框中选择"下方"	

47

续表

操作步骤	操作说明	示意图
6	选择指令中的"＊"（双击目标点）；新建取物料等待点"pPickWait"，转弯数据修改为z100，单击"确定"按钮	
7	用同样的方法选择MoveL指令，添加目标点"pPick"，将速度改为"v100"，转弯数据改为"fine"，让末端执行器精确到达点，单击"确定"按钮	
8	添加Set指令，选择吸盘真空控制信号"do_sucker_2"，单击"确定"按钮	

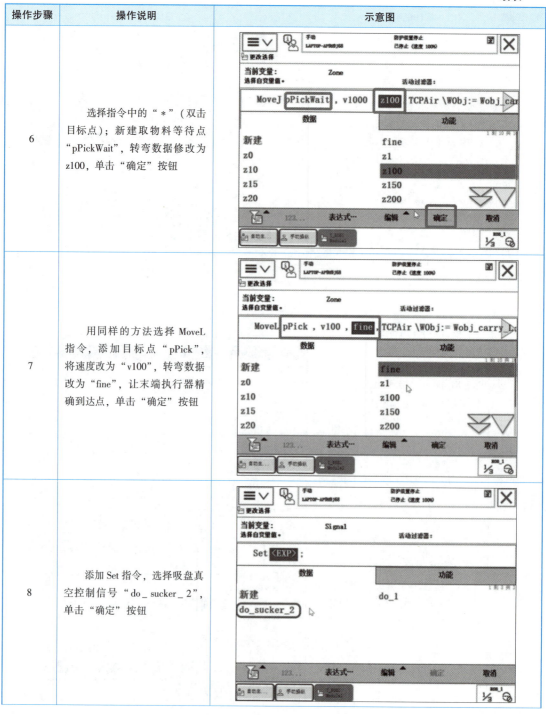

48

续表

操作步骤	操作说明	示意图
9	接着添加 MoveL 指令，选择点"pPickWait"，转弯数据改为"z100"，单击"确定"按钮。此时完成物料拾取程序	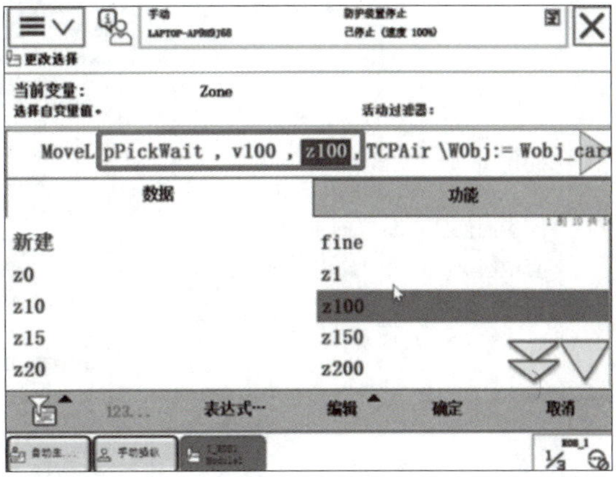

2. 物料放置程序编写（表 2-6）

表 2-6 物料放置程序编写步骤

操作步骤	操作说明	示意图
1	单击菜单栏中的"手动操纵"，将工件坐标系改为"Wobj_carry_R"；添加 MoveJ 指令，修改点为"pPutWait"，速度改为"v1000"	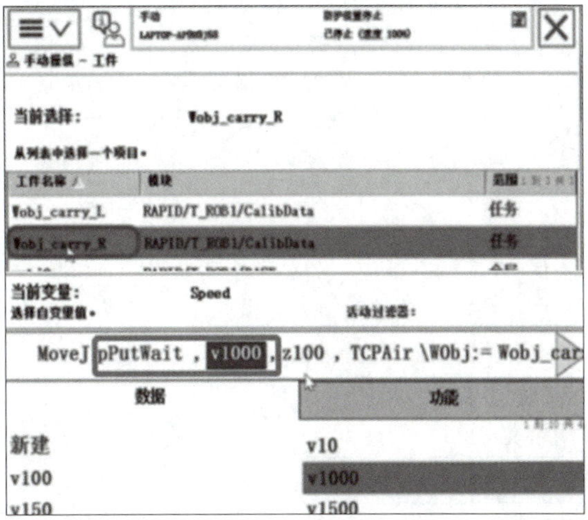
2	继续添加 MoveL 指令，添加已经建立的目标点"pPut"，将速度改为"v100"，转弯数据改为"fine"，单击"确定"按钮	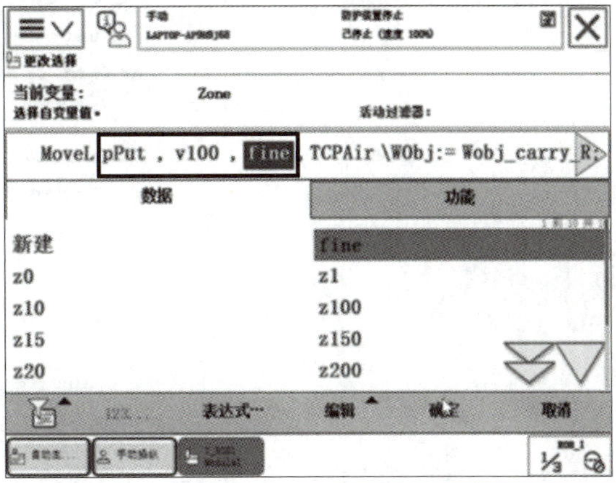

续表

操作步骤	操作说明	示意图
3	添加 Reset 指令，选择吸盘真空控制信号"do_sucker_2"，释放真空吸盘，单击"确定"按钮，即放置物料	
4	物料放置完成后，需要返回等待点，添加 MoveL 指令，修改点为"pPutWait"，转弯数据改为"z100"，单击"确定"按钮。至此，物料放置程序编写完成	

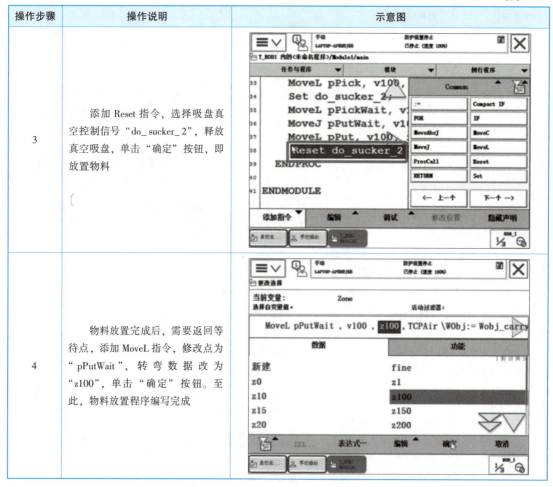

3. 示教目标点修改（表 2-7）

表 2-7　示教目标点修改

操作步骤	操作说明	示意图
1	单击菜单栏中"程序数据"；单击"robtarget"，选中"显示数据"	

续表

操作步骤	操作说明	示意图
2	选中"pPut"点,手动操纵机器人示教器摇杆,将机器人末端吸盘移动到"pPut"点位	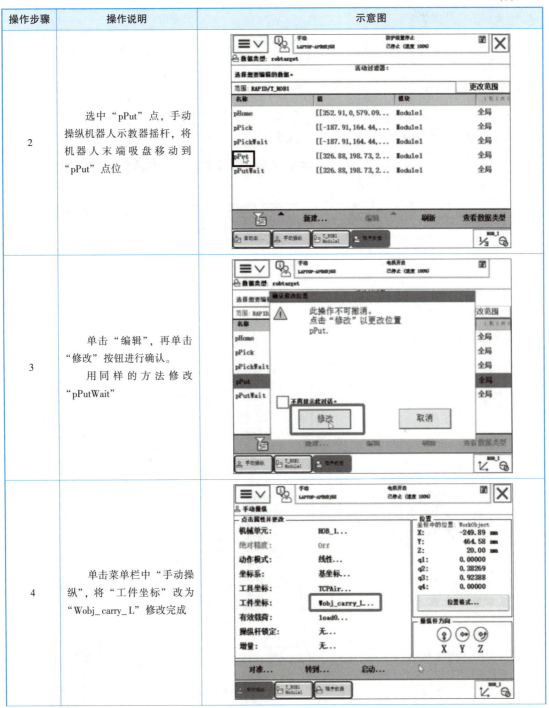
3	单击"编辑",再单击"修改"按钮进行确认。用同样的方法修改"pPutWait"	
4	单击菜单栏中"手动操纵",将"工件坐标"改为"Wobj_carry_L"修改完成	

51

续表

操作步骤	操作说明	示意图
5	用同样的方法完成"pPick"和"pPickWait"等目标点的示教修改	

2.2.8 程序运行调试

程序运行调试见表 2-8。

表 2-8 程序运行调试

操作步骤	操作说明	示意图
1	选中"程序编辑器",单击"调试"按钮,单击"PP 移至 Main"按钮	
2	按使能按钮,进入电动机开启状态,单击示教器中"启动"按钮(如右图),注意观察机器人的移动情况,再按停止按钮,松开使能按钮,若搬运任务顺利完成,则调试完毕	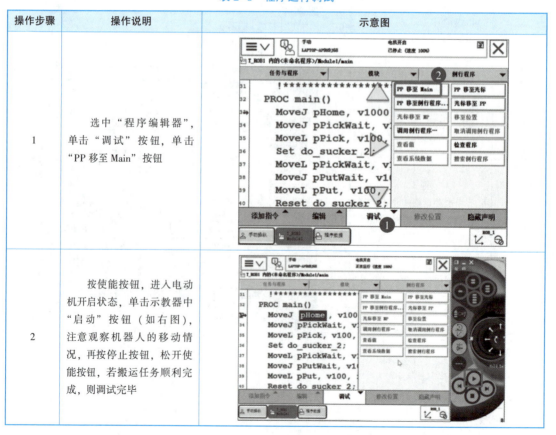

任务实施记录单及验收单

任务名称	单个工件搬运任务实现		实施日期	
任务要求	要求： 利用示教器完成单个工件搬运任务的路径规划、程序编写、目标点示教以及最终运行调试成功；在 RobotStudio 中完成单个工件搬运任务的离线编程和调试 通过此任务验收着重考查学生信息搜集和解决问题的能力、运用流程图分析任务能力、程序编写和调试运行的能力，以及团队成员的协作和沟通能力			
计划用时		实际用时		
组别		组长		
组员姓名				
成员任务分工				
实施场地				
仿真工作站中实施步骤与信息记录	（任务实施过程中重要的信息记录，是撰写工程说明书和工程交接手册的主要文档资料。可另附纸张） 1. 创建 RAPID 程序 _____ 2. 创建例行程序 _____ 3. 程序编写 _____ 4. 目标点修改 _____ 5. 程序运行调试 _____ 6. 遇到的问题及解决办法 _____			
真机实操实施步骤与信息记录	（任务实施过程中重要的信息记录，是撰写工程说明书和工程交接手册的主要文档资料。可另附纸张） 1. 创建 RAPID 程序 _____ 2. 创建例行程序 _____ 3. 离线捕捉的方法示教目标点 _____ 4. 程序编写 _____ 5. 程序运行调试 _____ 6. 遇到的问题及解决办法 _____			

续表

任务名称			单个工件搬运任务实现		实施日期	
任务评价检测评分点	\multicolumn{3}{l	}{项目列表}	自我检测要点	配分	得分
	\multicolumn{3}{l	}{职业素养}	纪律（无迟到、早退、旷课）	10	
	\multicolumn{3}{l	}{}	安全规范操作，符合5S管理规范	10	
	\multicolumn{3}{l	}{}	团队协作能力、沟通能力	10	
	\multicolumn{3}{l	}{理论知识}	网教平台理论知识测试	10	
	工程技能	虚拟仿真		创建RAPID程序正确	5	
			创建例行程序正确	5	
			拾取目标点正确	5	
			程序编写正确	5	
		真机实操	运动路径规划	5	
			创建RAPID程序正确	5	
			创建例行程序正确	5	
			程序编写正确	5	
			目标点修改正确	5	
			整个搬运过程调试，全程无设备碰撞	10	
	\multicolumn{3}{l	}{实施过程问题记录及解决方案翔实、有留存价值}		5	
	\multicolumn{4}{l	}{综合评价}		
	\multicolumn{6}{l	}{备注：真机示教编程调试过程如发生设备碰撞一次扣10分，如损坏设备元器件扣20分。}

综合评价	1. 目标完成情况 2. 存在问题 3. 改进方向

 **任务拓展**

单工件搬运离线编程

在工业机器人应用编程考核设备虚拟工作站中,完成单个工件搬运任务。工作站示意图如图 2-19 所示。利用离线捕捉的方法示教目标点,完成工件拾取和放置程序编写,仿真运行无误后,将离线程序导入到真实的工业机器人控制器中,通过操作真实工业机器人,标定工具坐标系和工件坐标系,运行从软件中导出的离线程序,完成工业机器人单个工件搬运任务的调试。(空工作站打包文件下载链接:model_tz2-0.rspag。搬运任务完成后打包文件下载链接:model_tz2-1.rspag。)

视频 跟我做-单
工件搬运离线编程

视频 跟我做-
工具坐标标定

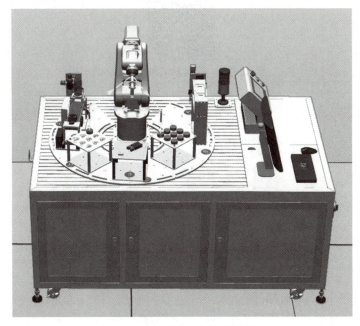

图 2-19 虚拟工作站示意图

知识测试

1. 单选题

(1) 一条 MoveC 指令,绘制的圆弧最大的角度是( )。
A. 180°　　　　B. 240°　　　　C. 360°　　　　D. 270°

(2) 定义程序模块、例行程序、程序数据名称时不能使用系统占用符,下列( )

可以作为自定义程序模块的名称。

　　A．TEST　　　　B．ABB　　　　　C．BASE　　　　　D．USER

（3）下列（　）不属于 RAPID 语言中的程序类型。

　　A．错误处理程序　B．例行程序　　　C．功能　　　　　D．中断

（4）通常所说的"两点一条直线"指的是（　）运动指令。

　　A．MoveAbsJ　　B．MoveJ　　　　C．MoveL　　　　D．MoveC

（5）虚拟示教器上，可通过（　）虚拟按键控制机器人在手动状态下电机上电。

　　A．Hold to Run　B．功能热键　　　C．启动按钮　　　D．Enable

2．判断题（正确的打"√"，错误的打"×"）

（1）标定 TCP 时，延伸点指向固定参考点的方向为 TCP 的正方向。（　　）

（2）操作机器人时，只可以建立一个工件坐标系。（　　）

（3）MoveJ 和 MoveABSJ 运动指令的目标点数据类型相同。（　　）

（4）通常把 X 轴和 Y 轴配置在水平面上，则 Z 轴是铅垂线；它们的正方向符合右手规则。（　　）

（5）机器人初次作业时，工作人员可以在防护栅内进行动作确认。（　　）

任务 2　知识测试参考答案

任务 3

I/O 信号的定义与监控

课件 I/O 信号的定义与监控

1+X 证书技能要求

工业机器人应用编程证书技能要求（中级）		
工作领域	工作任务	技能要求
1. 工业机器人参数设置	1.1 工业机器人系统参数设置	1.1.1 能够根据工作任务要求设置总线、数字量 I/O、模拟量 I/O 等扩展模块参数 1.1.2 能够根据工作任务要求设置、编辑 I/O 参数 1.1.3 能够根据工作任务要求设置工业机器人工作空间
工业机器人集成应用（初级）		
工作领域	工作任务	技能要求
3. 工业机器人系统程序开发	3.1 工业机器人参数设置与手动操作	3.1.4 能配置工业机器人的通信板和输入输出信号

任务引入

工业机器人的运行过程受到周围设备的影响，这就要依赖于工业机器人丰富的 I/O 通信接口，轻松地与周边设备进行通信。当外部设备状态发生变化时，相应的输入信号通过 I/O 接口传递给工业机器人，对应的输出信号也可通过 I/O 接口传递给外部设备。

如果在虚拟仿真平台中，需要知道所编写的程序是否符合要求，但又没有相应的 I/O 动作时，该怎么办呢？下面就来学习 I/O 信号的定义与仿真监控。

任务工单

任务名称	I/O 信号的定义与监控	
设备清单	IRB120 机器人本体；紧凑型控制柜、示教器等；工件台、工件库等辅助设备	实施场地	具备条件的 ABB 机器人实训室（若无实训设备也可在装有 RobotStudio 软件的机房利用虚拟工作站完成）；空工作站：model_3-0；完成配置任务工作站：model_3-1
任务目的	认识工业机器人 I/O 通信的种类；认识常用的 ABB 标准 I/O 板；熟悉 ABB 标准 I/O 板的配置方法；熟练掌握 I/O 信号的监控与操作步骤	
任务描述	完成 DSQC652 板的配置，完成输入信号（DI 信号）di1 的配置，di1 信号连接外部启动按钮；完成输出信号（DO 信号）do1 的配置，do1 信号连接外部信号指示灯；完成输出组信号（GO 信号）go1 的配置；并能够在示教器中完成 I/O 信号的组态以及对 di1、go1 信号的仿真和监控	
素质目标	夯实基础，培养学生对知识的总结和深入思考的能力；培养学生工程意识、绿色生产意识；培养学生自主探究能力和团队协作能力；通过 DI/DO 信号配置及 I/O 信号的组态和仿真监控，培养学生的节能意识以及精益求精的工匠精神	
知识目标	掌握 DSQC652 板的配置方法；掌握 DI/DO 信号配置方法；掌握 I/O 信号的组态方法；掌握 I/O 信号的仿真监控方法	
能力目标	会对 DSQC652 板进行配置；能够完成 DI/DO 信号配置；会进行 I/O 信号的组态及逻辑语句 if 的应用；会对 I/O 信号进行仿真监控	
验收要求	能够在实训室工作站中完成 DSQC652 板的配置和 DI/DO 信号配置；能够在虚拟仿真平台完成 I/O 信号的组态和仿真监控	

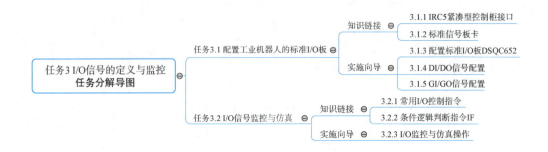

任务 3.1　配置工业机器人的标准 I/O 板

知识链接

3.1.1　IRC5 紧凑型控制柜接口

本任务以与 ABB IRB120 型号机器人配合使用的 IRC5 紧凑型控制柜为例，介绍控制柜的组成，通过对控制柜内部硬件组成的认识，了解控制柜中各模块的功能。

视频　跟我学-控制柜硬件及 I/O 卡

控制柜内部由机器人系统所需部件和相关附件组成，包括主计算机、机器人驱动器、轴计算机、安全面板、系统电源、配电板、电源模板、电容、接触器接口板和 I/O 板等。

具体各部件的接口如下。

1. IRC5 控制柜接口

（1）机器人主电缆接口，用于连接机器人与控制器动力线的接口；220V 电源接入口，用于给机器人各轴运动提供电源，如图 3-1 所示。

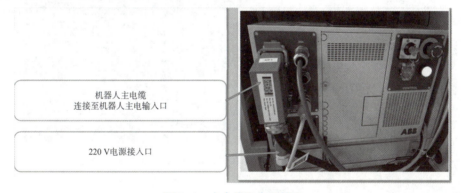

图 3-1　主电缆和电源接口

（2）示教器电缆接口，用于连接机器人示教器的接口；力控制选项信号电缆接口，当配有力控制选项时使用此接口；SMB 电缆接口，此接口连接至机器人 SMB 输出口，如图 3-2 所示。

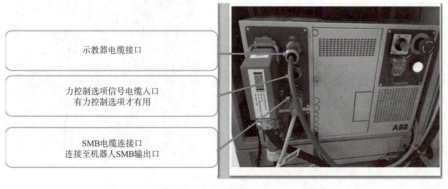

图 3-2　示教器、力控制选项、SMB 电缆接口

（3）模式选择运行开关，用于选择机器人的手动或自动运行模式；急停按钮，紧急情况下，按下急停按钮可停止机器人动作；机器人本体松刹车按钮，控制机器人运动轴的刹车装置，仅适用于 IRB120 机器人；机器人马达上电/复位按钮，用于从紧急停止状态恢复到正常状态，如图 3-3 所示。

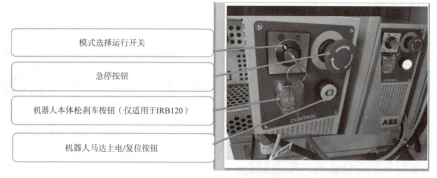

图 3-3　模式选择开关、急停按钮、松刹车按钮、上电/复位按钮

（4）急停输入接口，用于连接急停输入信号；安全停止接口，用于连接安全停止信号；主电源控制开关，用于关闭或启动机器人控制器，如图 3-4 所示。

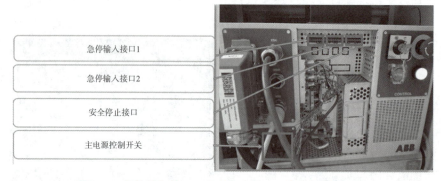

图 3-4　急停输入接口、安全停止接口、主电源控制开关

2. 通信接口

其包括服务端口，用于连接 PC 端；WAN 口；RS232 串口及调试端口；主电源控制开关接口，如图 3-5 所示。

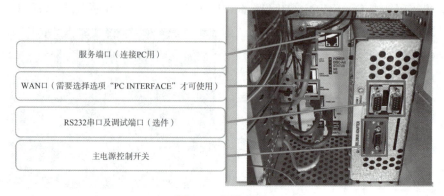

图 3-5　通信接口

3.1.2 标准信号板卡

1. 工业机器人 I/O 通信的种类

机器人拥有丰富的 I/O 通信接口，可以轻松地实现与周边设备进行通信，其具备的 I/O 通信种类见表 3-1。

表 3-1 机器人 I/O 通信方式

PC	现场总线	ABB 标准
RS232 通信	Device Net	标准 I/O 板
OPC server	Profibus	PLC
Socket Message	Profibus-DP	……
	Profinet	……
	EtherNet IP	……

2. 常用标准 I/O 板

机器人常用的标准 I/O 板有 DSQC651、DSQC652、DSQC653、DSQC355A、DSQC377A 等 5 种，除分配地址不同外，其配置方法基本相同。常用的标准 I/O 板如表 3-2 所示。

表 3-2 常用的标准 I/O 板

序号	型号	说明
1	DSQC651	分布式 I/O 模块，di8、do8、ao2
2	DSQC652	分布式 I/O 模块，di16、do16
3	DSQC653	分布式 I/O 模块，di8、do8 带继电器
4	DSQC355A	分布式 I/O 模块，di4、do4
5	DSQC377A	输送链跟踪单元

3. DSQC652 标准 I/O 板卡

DSQC652 板主要提供 16 个数字输入信号和 16 个数字输出信号，其中包括信号输出指示灯、X1 和 X2 数字输出接口、X5 DeviceNet 接口、模块状态指示灯、X3 和 X4 数字输入接口、数字输入信号指示灯，如图 3-6 所示。

图 3-6 DSQC652 板

(1) X1 端子。X1 端子接口包括 8 个数字输出，地址分配见表 3-3。

表 3-3　X1 端子地址分配

X1 端子编号	使用定义	地址分配
1	OUTPUT CH1	0
2	OUTPUT CH2	1
3	OUTPUT CH3	2
4	OUTPUT CH4	3
5	OUTPUT CH5	4
6	OUTPUT CH6	5
7	OUTPUT CH7	6
8	OUTPUT CH8	7
9	0 V	
10	24 V	

(2) X2 端子。X2 端子接口包括 8 个数字输出，地址分配见表 3-4。

表 3-4　X2 端子地址分配

X2 端子编号	使用定义	地址分配
1	OUTPUT CH9	8
2	OUTPUT CH10	9
3	OUTPUT CH11	10
4	OUTPUT CH12	11
5	OUTPUT CH13	12
6	OUTPUT CH14	13
7	OUTPUT CH15	14
8	OUTPUT CH16	15
9	0 V	
10	24 V	

(3) X3 端子。X3 端子接口包括 8 个数字输入，地址分配见表 3-5。

表 3-5　X3 端子地址分配

X3 端子编号	使用定义	地址分配
1	INPUT CH1	0
2	INPUT CH2	1
3	INPUT CH3	2

续表

X3 端子编号	使用定义	地址分配
4	INPUT CH4	3
5	INPUT CH5	4
6	INPUT CH6	5
7	INPUT CH7	6
8	INPUT CH8	7
9	0 V	
10	未使用	

（4）X4 端子。X4 端子接口包括 8 个数字输入，地址分配见表 3-6。

表 3-6　X4 端子地址分配

X4 端子编号	使用定义	地址分配
1	INPUT CH9	8
2	INPUT CH10	9
3	INPUT CH11	10
4	INPUT CH12	11
5	INPUT CH13	12
6	INPUT CH14	13
7	INPUT CH15	14
8	INPUT CH16	15
9	0 V	
10	未使用	

（5）X5 端子。DSQC652 标准 I/O 板卡通过总线接口 X5 与 DeviceNet 总线进行通信，X5 端子定义见表 3-7。

表 3-7　X5 端子使用定义

X5 端子编号	使用定义
1	0V BLACK
2	CAN 信号线 low BLUE
3	屏蔽线
4	CAN 信号线 high WHITE
5	24V RED
6	GND 地址选择公共端

63

续表

X5 端子编号	使用定义
7	模块 ID bit0 (LSB)
8	模块 ID bit1 (LSB)
9	模块 ID bit2 (LSB)
10	模块 ID bit3 (LSB)
11	模块 ID bit4 (LSB)
12	模块 ID bit5 (LSB)

X5 为 DeviceNet 通信端子，地址由总线接头上的地址针脚编码生成，如图 3-7 所示，当前 DSQC652 板卡上的 DeviceNet 总线接头中，剪断了 8 号、10 号地址针脚，则其对应的总线地址为 2+8=10。

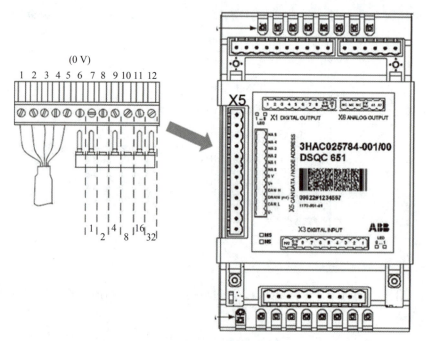

图 3-7　X5 端口剪线图

4. I/O 接线和地址分配

（1）I/O 地址分配。在本任务中，di1 连接启动按钮，do1 连接信号指示灯，go1 的输出值随 di1 信号发生改变，具体 I/O 地址分配如表 3-8 所示。

表 3-8　I/O 地址分配

输入	信号说明	输出	信号说明
di1	启动按钮	do1	信号指示灯
		go1	组信号

（2）数字输入信号接线。数字输入信号接线示例如图 3-8 所示，利用输入端口 1 接收按钮状态。

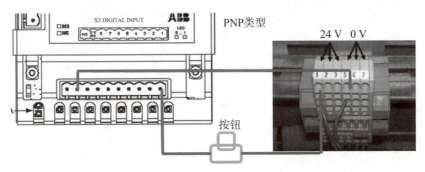

图 3-8　数字输入信号接线

（3）数字输出信号接线。数字输出信号接线示例如图 3-9 所示，利用输出端口 1 控制指示灯发光。

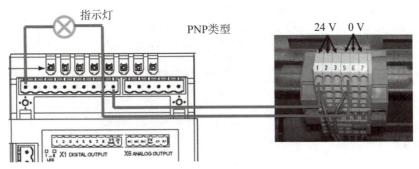

图 3-9　数字输出信号接线

任务实施向导

3.1.3　配置标准 I/O 板 DSQC652

ABB 标准 I/O 板都是下挂在 DeviceNet 现场总线下的设备，通过 X5 端口与 DeviceNet 现场总线进行通信。DSQC652 板总线连接的相关参数说明见表 3-9。

视频　跟我做-
DSQC652 板卡配置方法

表 3-9　DSQC652 板总线连接相关参数说明

参数名称	设定值	说明
Name	board10	设定 I/O 板在系统中的名字
Network	DeviceNet	I/O 板连接的总线
Address	10	设定 I/O 板在总线中的地址

信号板配置操作步骤如表3-10所示。

表3-10 信号板配置操作步骤

操作步骤	操作说明	示意图
1	单击左上角主菜单按钮；选择"控制面板"；选择"配置"	
2	双击"DeviceNet Device"后，单击最下方的"添加"按钮	
3	单击"使用来自模板的值"下拉箭头，选择"DSQC 652 24V DCI/O Device"	

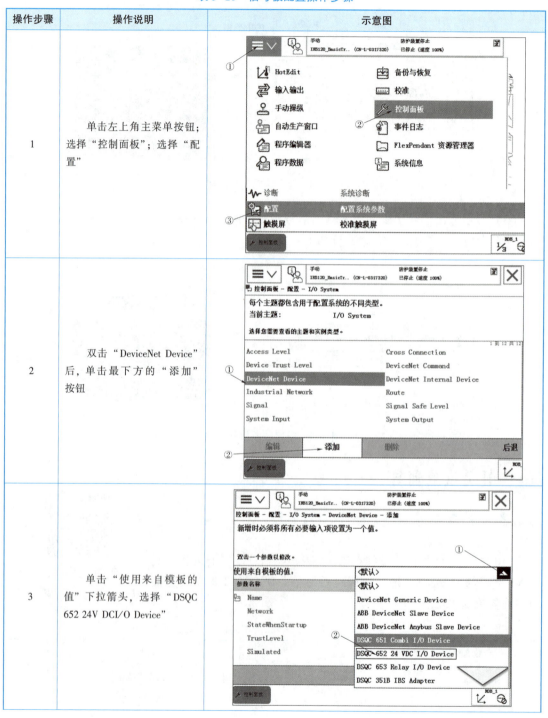

续表

操作步骤	操作说明	示意图
4	双击"Name"进行DSQC652板在系统中名字的设定（如果不修改，则名字是默认的"temp0"）	
5	在系统中将DSQC652板的名字设定为"board10"（10代表此模块在DeviceNet总线中的地址，方便识别），然后单击"确定"按钮	
6	单击向下翻页箭头；将"Address"设定为10，然后单击"确定"按钮	
7	单击"是"按钮，这样DSQC652板定义就完成了	

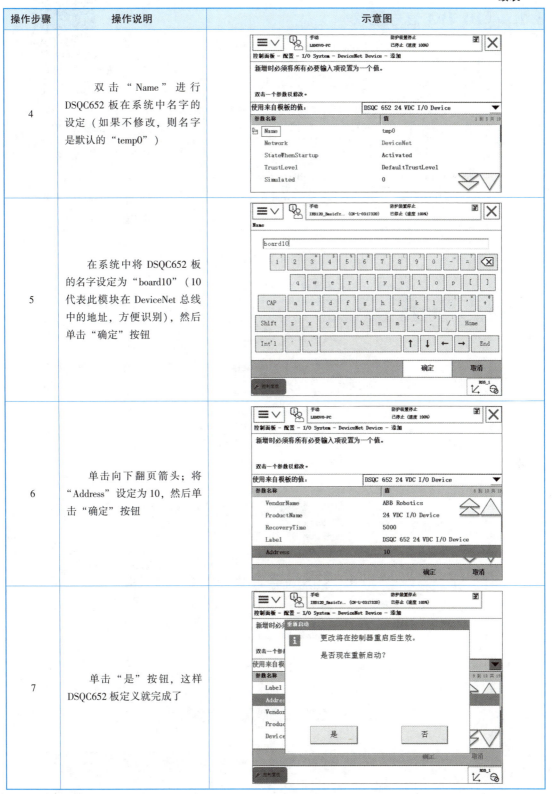

3.1.4　DI/DO 信号配置

视频　跟我做-DIDO 信号配置

1. 数字输入信号

数字输入信号 di1 的相关参数说明见表 3-11。

表 3-11　数字输入信号相关参数说明

参数名称	设定值	说明
Name	di1	设定数字输入信号的名字
Type of Signal	Digital Input	设定信号的类型
Assigned to Device	board10	设定信号所在的 I/O 模块
Device Mapping	0	设定信号所占用的地址

定义数字输入信号 di1 的具体操作步骤如表 3-12 所示。

表 3-12　定义数字输入信号 di1 的具体步骤

操作步骤	操作说明	示意图
1	打开"控制面板"；选择"配置"	
2	双击"Signal"；单击"添加"按钮	

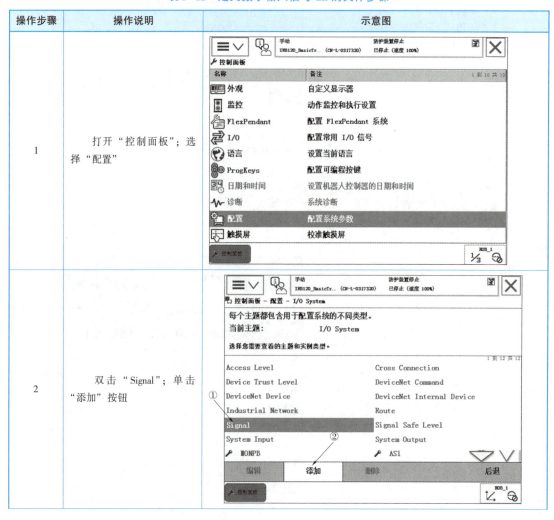

续表

操作步骤	操作说明	示意图
3	双击"Name";在弹出的界面文本框中输入"di1",然后单击"确定"按钮	
4	双击"Type of Signal",选择"Digital Input"	
5	双击"Assigned to Device",选择"board10"	

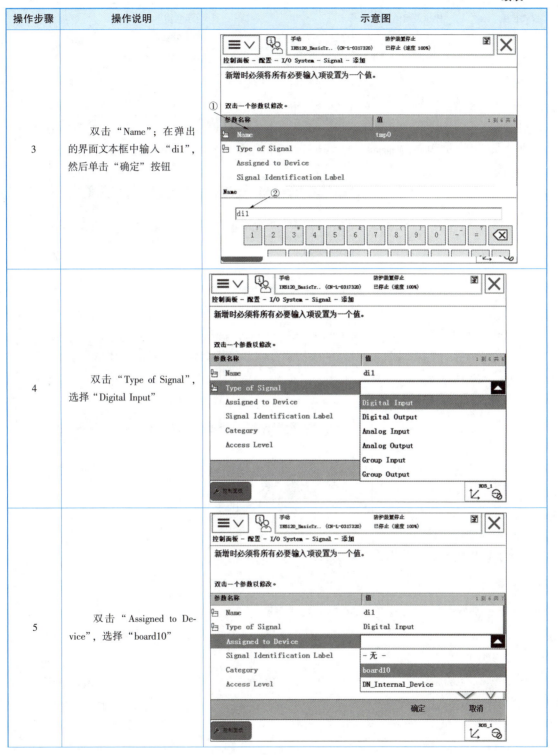

续表

操作步骤	操作说明	示意图
6	双击"Device Mapping"	
7	输入"0",然后单击"确定"按钮;之后再单击"确定"按钮,设置完毕。重启示教器生效	

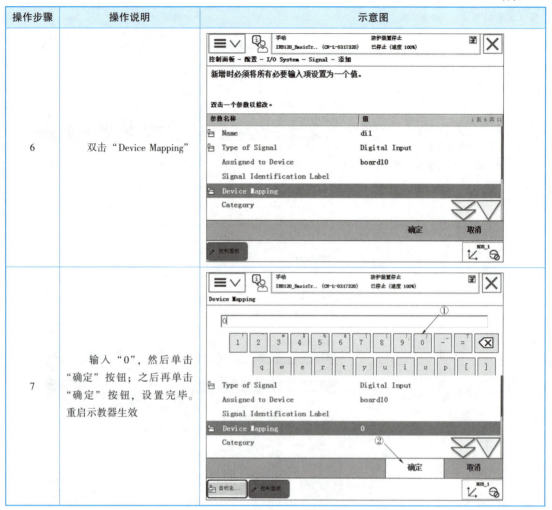

2. 数字输出信号

数字输出信号 do1 的相关参数说明见表 3-13。

表 3-13 数字输出信号相关参数说明

参数名称	设定值	说明
Name	do1	设定数字输入信号的名字
Type of Signal	Digital Output	设定信号的类型
Assigned to Device	board10	设定信号所在的 I/O 模块
Device Mapping	0	设定信号所占用的地址

定义数字输出信号 do1 的具体操作步骤如表 3-14 所示。

表 3-14 定义数字输出信号 do1 的具体操作步骤

操作步骤	操作说明	示意图
1	前面 3 步骤与定义数字输入信号相同：打开"控制面板"；选择"配置"，双击"Signal"；单击"添加"按钮。 此时双击"Name"按钮；在弹出的界面文本框中输入"do1"，然后单击"确定"按钮	
2	双击"Type of Signal"，选择"Digital Output"	
3	双击"Assigned to Device"，选择"board10"	

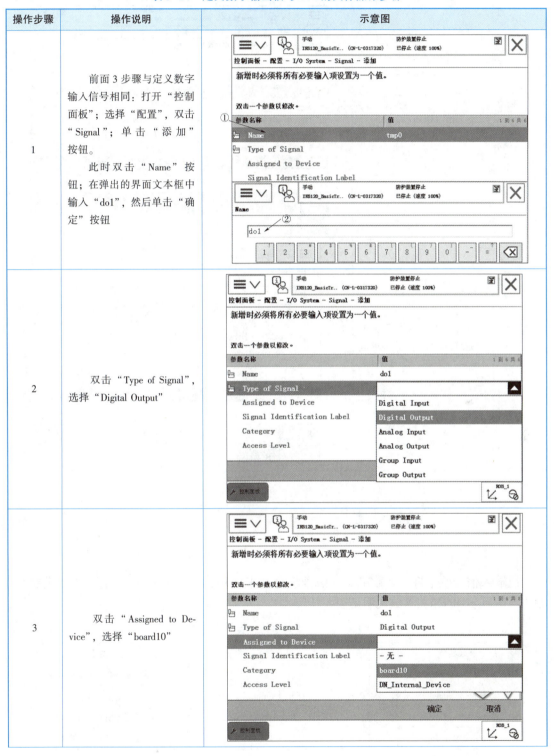

续表

操作步骤	操作说明	示意图
4	双击"Device Mapping"	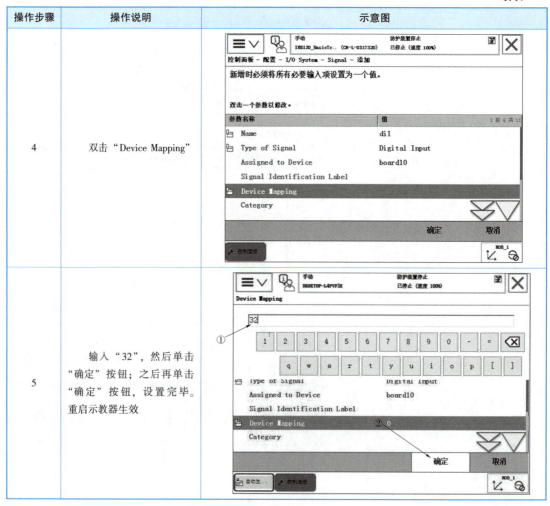
5	输入"32",然后单击"确定"按钮;之后再单击"确定"按钮,设置完毕。重启示教器生效	

3.1.5 GI/GO 信号配置

1. 组输入信号

组输入信号就是将几个数字输入信号组合起来使用,用于输入 BCD 编码的十进制数。组输入信号 gi1 的相关参数说明见表 3-15。

表 3-15 组输入信号相关参数说明

参数名称	设定值	说明
Name	gi1	设定组输入信号的名字
Type of Signal	Digital Input	设定信号的类型
Assigned to Device	board10	设定信号所在的 I/O 模块
Device Mapping	1~4	设定信号所占用的地址

定义组输入信号 gi1 的具体操作步骤如表 3-16 所示。

表 3-16 定义组输入信号 gi1 的具体操作步骤

操作步骤	操作说明	示意图
1	前面 3 步与定义数字输入输出信号相同：打开"控制面板"；选择"配置"；双击"Signal"；单击"添加"。 此时双击"Name"按钮；在弹出的界面文本框中输入"gi1"，然后单击"确定"	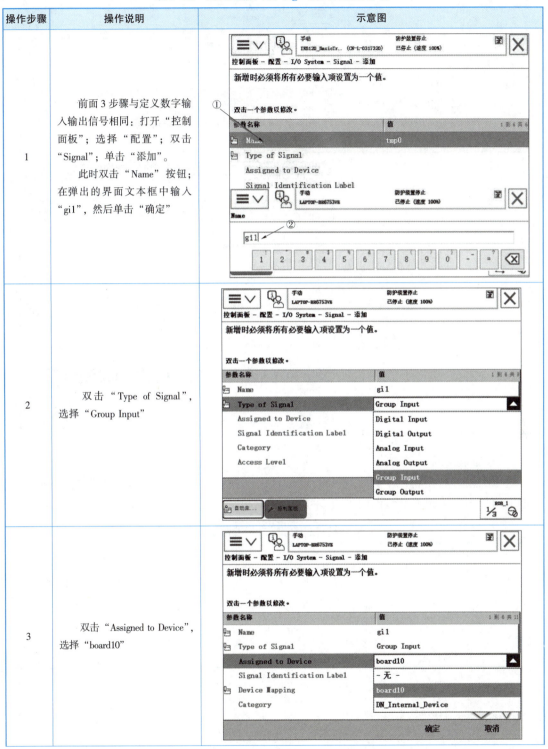
2	双击"Type of Signal"，选择"Group Input"	
3	双击"Assigned to Device"，选择"board10"	

续表

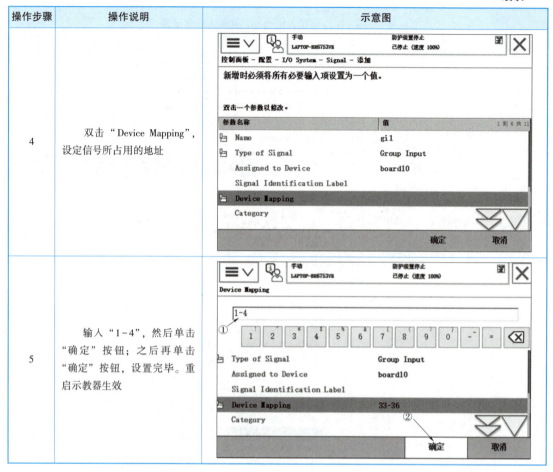

2. 组输出信号

组输出信号就是将几个数字输入信号组合起来使用，用于输出 BCD 编码的十进制数。组输出信号 go1 的相关参数说明见表 3-17。

表 3-17 组输出信号相关参数说明

参数名称	设定值	说明
Name	go1	设定组输出信号的名字
Type of Signal	Digital Output	设定信号的类型
Assigned to Device	board10	设定信号所在的 I/O 模块
Device Mapping	5~8	设定信号所占用的地址

定义组输出信号 go1 的具体操作步骤如表 3-18 所示。

表 3-18　定义组输出信号 go1 的具体操作步骤

操作步骤	操作说明	示意图
1	前面 3 个步骤与定义数字输入输出信号相同：打开"控制面板"；选择"配置"，双击"Signal"；单击"添加"。 此时双击"Name"；在弹出的界面文本框中输入"go1"，然后单击"确定"按钮	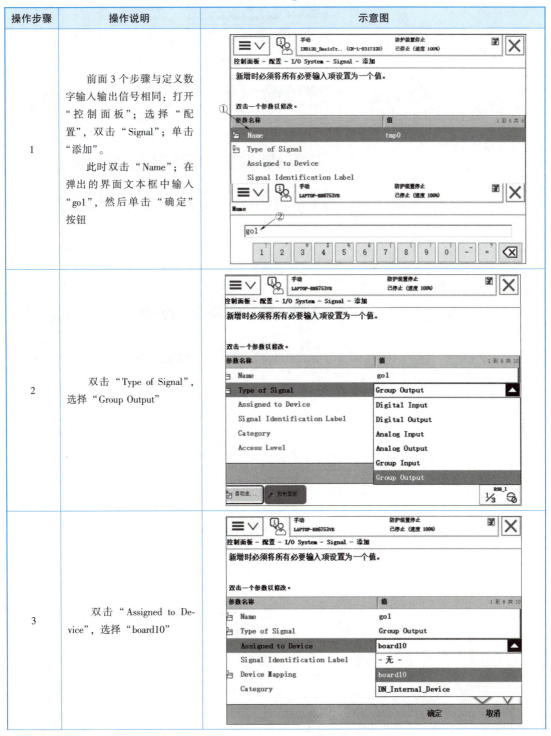
2	双击"Type of Signal"，选择"Group Output"	
3	双击"Assigned to Device"，选择"board10"	

续表

操作步骤	操作说明	示意图
4	双击"Device Mapping",设定信号所占用的地址	控制面板 – 配置 – I/O System – Signal – go1 名称： go1 双击一个参数以修改。 参数名称 / 值 Name / go1 Type of Signal / Group Output Assigned to Device / board10 Signal Identification Label Device Mapping Category
5	输入"5-8",然后单击"确定"按钮;之后再单击"确定"按钮,设置完毕。重启示教器生效	5-8 ① Signal Identification Label Device Mapping 5-8 Category ②

任务 3.2 I/O 信号监控与仿真

知识链接

3.2.1 常用 I/O 控制指令

I/O 控制指令用于控制 I/O 信号，以实现机器人系统与机器人周边设备通信。主要是通过对 PLC 的通信设置来实现信号的交互。例如，打开某开关时，PLC 输出相应信号，机器人系统接收到信号后，做出对应动作。

1. Set 数字信号置位指令

Set 指令为数字信号置位指令。如图 3-10 所示，添加"Set"指令，执行此指令可以将数字输出（Digital Output）置为"1"。

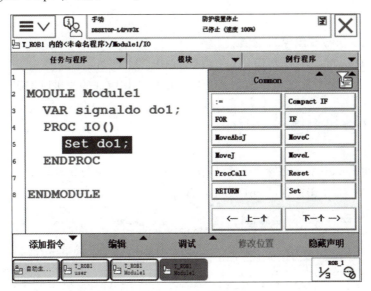

图 3-10 Set 指令

2. Reset 数字信号复位指令

Reset 指令为数字信号复位指令。如图 3-11 所示，添加"Reset"指令，执行此指令可以将数字输出（Digital Output）置为"0"。

3. SetAO

用于改变模拟信号输出信号的值。

例如：SetAO ao1，3.5；（将信号 ao1 设置为 3.5）

4. SetDO

用于改变数字信号输出信号的值。

例如：SetDO do1，1；（将信号 do1 设置为 1）

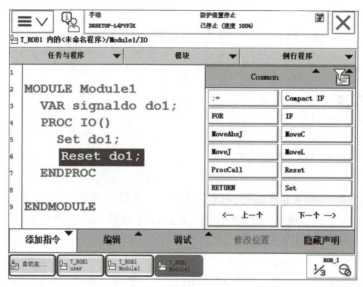

图 3-11　Reset 指令

5. SetGO

用于改变数字信号输出信号的值。

例如：SetGO go1，10；（将信号 go1 设置为 10）

注意：go1 占用 8 个地址位，即将 go1 设置为 10，其地址的二进制编码为 00001010。

3.2.2　条件逻辑判断指令 IF

IF 条件判断指令用于根据不同的条件执行不同指令。如图 3-12 所示，如果 di1 为 1，那么将信号 go1 设置为 10；否则 go1 设置为 20。

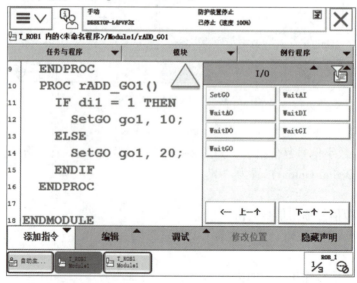

图 3-12　IF 指令

任务实施向导

3.2.3 I/O 监控与仿真操作

视频 跟我做-I/O
信号监控与仿真

1. 仿真监控步骤

在机器人调试、检修时,在没有相应 I/O 动作时,需要对其进行仿真和强制操作。下面以图 3-12 中的程序为例,对其中的 I/O 信号进行仿真监控,具体监控和仿真的操作步骤如表 3-19 所示。

表 3-19 具体监控和仿真的操作步骤

操作步骤	操作说明	示意图
1	将示教器置于"自动模式"下。打开菜单栏,单击"输入输出";在显示的界面中找到右下角的"视图"选项卡,选择"全部信号"	
2	此时"di1"为 0,对应 go1 为 20;选中"di1",将其值置 1(单击下方的"1")	
3	此时,"go1"变为"10"	

2. 配置常用监控信号（表3-20）

表3-20 配置常用监控信号

操作步骤	操作说明	示意图
1	打开菜单栏，选择"控制面板"；选择"I/O"	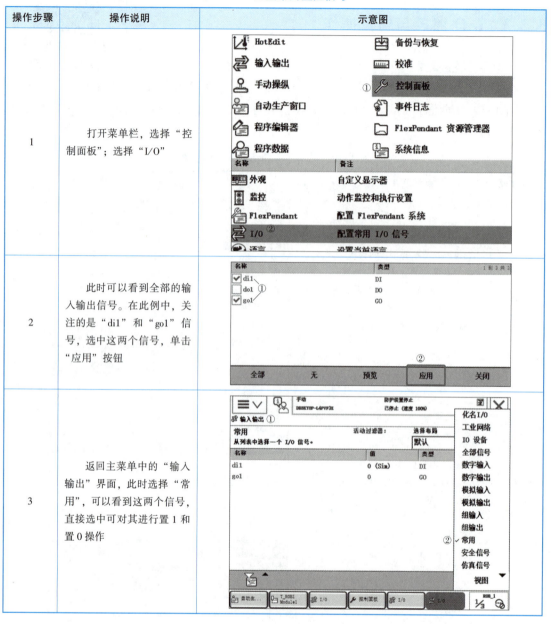
2	此时可以看到全部的输入输出信号。在此例中，关注的是"di1"和"go1"信号，选中这两个信号，单击"应用"按钮	
3	返回主菜单中的"输入输出"界面，此时选择"常用"，可以看到这两个信号，直接选中可对其进行置1和置0操作	

任务实施记录单及验收单

任务名称	I/O 信号的定义与监控		实施日期	
任务要求	要求： 能够在实训室工作站中完成 DSQC652 板的配置和 DI/DO 信号配置；能够在虚拟仿真平台完成 I/O 信号的组态和仿真监控 通过此任务验收着重考查学生信息搜集和解决问题的能力以及团队成员的协作和沟通能力			
计划用时			实际用时	
组别			组长	
组员姓名				
成员任务分工				
实施场地				
仿真工作站中实施步骤与信息记录	（任务实施过程中重要的信息记录，是撰写工程说明书和工程交接手册的主要文档资料。可另附纸张） 1. 完成 DSQC652 信号板配置 _____ 2. 完成 DI 和 DO 信号配置 _____ 3. 编写 IF 判断语句 _____ 4. 配置常用的监控信号 _____ 5. 完成监控与仿真操作 _____ 6. 遇到的问题及解决办法 _____			
真机实操实施步骤与信息记录	（任务实施过程中重要的信息记录，是撰写工程说明书和工程交接手册的主要文档资料。可另附纸张） 1. 完成 DSQC652 信号板配置 _____ 2. 完成 DI 信号配置 _____ 3. 完成 DO 信号配置 _____ 4. 编写 IF 判断语句 _____ 5. 手动进行输入操作，观察输出状态 _____ 6. 遇到的问题及解决办法 _____			

续表

任务名称		I/O 信号的定义与监控		实施日期	
任务评价检测评分点	\multicolumn{5}{l|}{}
	项目列表		自我检测要点	配分	得分
	职业素养		纪律（无迟到、早退、旷课）	10	
			安全规范操作，符合 5S 管理规范	10	
			团队协作能力、沟通能力	10	
	理论知识		网教平台理论知识测试	10	
	工程技能	虚拟仿真	DSQC652 信号板配置正确	5	
			DI 和 DO 信号配置正确	5	
			正确编写 IF 判断语句	5	
			监控仿真测试正确	5	
		真机实操	DSQC652 信号板配置正确	5	
			DI 信号配置正确	5	
			DO 信号配置正确	5	
			手动进行输入操作，输出状态正确	10	
			程序运行过程，全程无设备碰撞、损坏	10	
			实施过程问题记录及解决方案翔实、有留存价值	5	
	综合评价				
	备注：真机示教编程调试过程如发生设备碰撞一次扣 10 分，如损坏设备元器件扣 20 分				
综合评价	1. 目标完成情况 2. 存在问题 3. 改进方向				

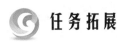 **任务拓展**

配置可编程按键

示教器中右上角配有 4 个可编程按键,如图 3-13 所示,分别标号 1~4。在操作时可以为这些按键设置需要控制的 I/O 信号,以便对 I/O 信号进行强制置位。

视频 跟我做-配置可编程按键

根据微课视频演示,大家一起来对 do1 和 di1 两个信号进行可编程按键的配置。

图 3-13 可编程按键示意图

知 识 测 试

1. 单选题

(1) 下列表示等待 5s 的是( )。

A. WaitTime 0.5　　　　　　B. WaitTime 0.6

C. WaitTime 5　　　　　　　D. WaitTime 6

(2) 标准 I/O 板卡总线端子上,剪断第 8、10、11 针脚产生的地址为( )。

A. 24　　　B. 26　　　C. 14　　　D. 16

(3) ABB 提供的标准 I/O 板卡一般为( )类型。

A. PNP　　　B. NPN　　　C. PNP 和 NPN　　　D. PNP 或 NPN

(4) 以下( )变量不允许在程序中使用赋值指令进行赋值。

A. 变量　　　B. 可变量　　　C. 常量　　　D. 布尔量

(5) 无论程序指针如何变化、工业机器人控制器是否重启,以下( )类型的数据都会保持最后赋予的值。

A. 变量　　　B. 可变量　　　C. 常量　　　D. 布尔量

2. 判断题(正确的打"√",错误的打"×")

(1) DSQC652 板主要提供 8 个数字输入信号和 8 个数字输出信号。( )

（2）标准 I/O 板通过 X5 端口与 DeviceNet 现场总线进行通信。（　　）
（3）Set 指令为数字信号复位指令。（　　）
（4）IF 条件判断指令用于根据不同的条件执行不同指令。（　　）
（5）go1 占用地址 0~7 共 8 位，可以代表十进制数 0~255。（　　）

任务 3　知识测试参考答案

任务 4

多工件搬运任务实现

课件 多工件搬运任务实现

 1+X 证书技能要求

工业机器人应用编程职业技能等级证书（中级）		
工作领域	工作任务	技能要求
3. 工业机器人系统离线编程与测试	3.3 编程仿真	3.3.2 能够根据工作任务要求实现搬运、码垛、焊接、抛光、喷涂等典型应用的工业机器人系统进行离线编程和应用调试
工业机器人集成应用职业技能等级证书（中级）		
工作领域	工作任务	技能要求
2. 工业机器人系统程序开发	2.2 工业机器人典型任务示教编程	2.2.3 能完成工业机器人典型工作任务（如搬运码垛、装配等）的程序编写

任务引入

视频 搬运任务仿真运行视频

目前工业机器人服务于国民经济的各个领域，如汽车、电子、物流等行业，在工业机器人设计时，除了考虑工业机器人的本体之外，还要根据其在不同领域的具体应用进行相关外围设备的选用。例如，搬运、码垛任务中的吸盘、夹爪，焊接任务中的焊枪，喷涂任务中的喷具都需要根据具体任务选用。本任务要求能完成工业机器人典型任务，如搬运、码垛、装配等的程序编写。

搬运任务中，目标点的示教是非常耗时费力的。以最少的示教点完成多工件任务的搬运是提高编程联调任务的关键。同时当搬运工件个数不一定时，用带参的搬运例行程序显得尤为重要。

任务工单

任务名称	多工件搬运任务实现		
设备清单	IRB120 机器人本体；紧凑型控制柜、示教器等；搬运台及搬运工件；电路、气源等辅助设备；导线、螺丝刀、万用表等工具	实施场地	具备条件的 ABB 机器人实训室（若无实训设备也可在装有 RobotStudio 软件的机房利用虚拟工作站完成）；配套工作站文件：model_4_1.rspag
任务目的	通过带参功能函数的编写，完成不同工件个数搬运任务的实现；通过对 MOD、DIV、Offset 函数的学习，完成放置位置功能函数的实现；通过有效载荷的学习，完成工业机器人有效载荷的定义及应用；通过 RelTool 函数的学习，完成装配任务的程序编写		
任务描述	本任务需完成工件由一个工作台到另一个工作台的多工件搬运及装配任务。任务要求从一个位置搬运固定个数及输入个数的工件到 3×3 的工作台，需应用 MOD、DIV 函数进行工件个数及相应位置及偏移的计算，编写带参例行程序及带参功能函数以提高程序可读性，减少公式的重复性输入，在装配任务中应用绕轴旋转指令 RelTool 进行装配旋转		
素质目标	培养学生搬运位置计算及相关知识点迁移的自主学习能力；培养学生分析问题、解决问题的知识应用技能提升的创新能力；培养学生程序编写过程中反复琢磨、精益求精的工匠精神；培养学生勤学苦练的求知精神		
知识目标	掌握带参例行程序的编写方法；掌握 MOD、DIV、Offset 函数的应用方法；掌握有效载荷的设置方法；掌握 RelTool 指令的应用方法		
能力目标	能应用带参例行程序完成多工件搬运任务的程序编写；能应用放置位置功能函数对搬运任务进行优化；会进行有效载荷的设置；能进行装配任务的程序编写		
验收要求	能执行任意工件个数的搬运及装配任务，能对程序进行优化。详见任务实施记录单和任务验收单		

任务 4.1　工件个数带参例行程序实现

知识链接

4.1.1　带参例行程序

视频　跟我学-位置计算功能函数

ABB 工业机器人在建立程序时，可以分为 3 类，即普通程序（procedures）、功能程序（functions）和中断程序（trap）。带参例行程序属于普通程序，在编写时可以带参数，其使用说明如下。

（1）带参例行程序的参数个数可以有多个，且参数的数据类型可以不相同。

（2）带参例行程序属于普通程序，可以有各种指令类型。

（3）带参例行程序在手动操作时，调试时的 PP 指针不可以直接进入带参例行程序里面，只能通过程序调用进入和执行。

4.1.2　MOD、DIV、Offset 函数

（1）MOD 的功能是返回整数除法的模数和余数。对 a 和 b 两个整数，求模运算时，a/b 的结果向无穷小方向舍入；求余运算时，a/b 的结果向 0 方向舍入。这里只讨论除数和被除数都是正整数的情况，所以求模和求余运算没有区别。

例如，reg1 := 14 MOD 4，返回值为 2，因为 14 除以 4，商为 3，余数为 2，所以返回值为 2。

（2）DIV 的功能是返回整数除法的整数商，也就是取整的运算。如同样是上面这个例子 reg1 := 14 DIV 4，因为 14 可以除以 4 达 3 次，因此返回值为 3。

（3）Offset 函数的使用，其作用是在一个机械位置的工件坐标系中添加一个偏移量，如 p1 := Offs（p1, 5, 10, 15）;，这个语句的作用是机械臂位置 p1 沿 X 方向偏移 5mm，沿 Y 方向偏移 10 mm，沿 Z 方向偏移 15 mm。此函数在对已知位置进行相对偏移时经常使用，不用每个点都示教，只需知道偏移量即可，使用灵活、方便。

4.1.3　搬运位置计算

如图 4-1 所示，要求工件按 1~9 的位置顺序放置，在此工件上建立图示的 XY 轴工件坐标系，并且标定 1 号基准点位置，即 1 号位置已知，需要寻找其他放工件位置与基准点之间的关系。

当第一个工件放置时，要放在 1 号位置，因为 1 号位置是基准点，所以 XY 方向偏移单位为（0，0），2 号工件放置时对基准点的偏移单位为（1，0），同理 3 号为（2，0），4 号只在 Y 方向偏移，对基准点的偏移单位为（0，1），依据这种计算方法，可以计算出 8 个位置对于基准点的偏移单位，然后再乘以实际偏移距离，就可以计算出实际放置的位置。所以，重点是计算出每个位置的偏移单位。

若工件为第 n 个，对于 X 方向的偏移，其偏移单位可以用 $n-1$ 对 3 求余来计算。例如，1 号工件，计算结果为 0，对基准点不偏移，若为 2 号工件，减 1 后对 3 求余，结果为 1，偏移一个单位，同样若是 6 号工件，减 1 后对 3 求余，结果为 2，则对基准点在 X 轴偏移 2 个单位，通过这个公式可以计算出任意工件在 X 轴对基准点的偏移。Y 方向的偏移量，可以用 $n-1$ 对 3 取整来计算。例如，若是 4 号工件，则减 1 对 3 取整为 1，在 Y 轴对基准点 1 号位置偏移 1 个单位，若为 8 号工件，则减 1 为 7，对 3 取整，得数为 1，表示在 Y 轴对基准点偏移 1 个单位。

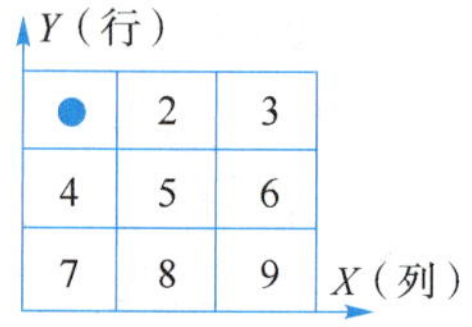

图 4-1 工件位置计算图

综上，设工件个数为 n，则 X、Y 方向的偏移为：

列 $X:=(n-1)\ \text{MOD}\ 3$

行 $Y:=(n-1)\ \text{DIV}\ 3$

4.1.4 有效载荷

GripLoad——定义机械臂的有效负载，此指令在搬运及码垛任务中涉及负载的变化时经常用到。GripLoad 规定了机器人的当前负载。通过控制系统使用规定负荷，以便按最佳的可行方式来控制机器人的运动。使用指令 GripLoad 连接或断开有效负载，该指令在机械手的重量上增加或减去有效负载的重量。负载数据定义不正确可能会导致机械臂机械结构过载。控制器持续监测负载，如果负载高于预期则写入事件日志。

指定不正确的负载数据时，其常常会引起以下后果。

①机械臂将不会用于其最大容量。

②路径准确性受损，包括过度风险。

③过载风险。

应用此指令，需要新建 loaddate 数据类型，确定此负载的质量参数 mass，以 kg 为单位，偏移参数 x、y、z 偏移量，以 mm 为单位，创建完成后就可以在装载或卸载时进行应用。具体也可参照 RobotStudio 中的帮助选项，如图 4-2 所示。

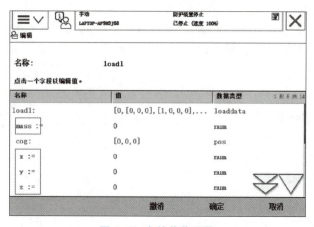

图 4-2 有效载荷设置

当夹具夹紧抓取负载时，加载 LoadFull 的有效负载指定当前搬运对象的重量和重心，当夹具松开，放下负载时，加载 LoadEmpty，清除有效负载，如图 4-3 所示。

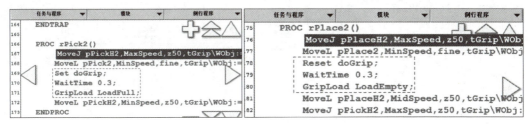

图 4-3　GripLoad 使用图

任务实施向导

4.1.5　任意工件个数搬运带参例行程序实现

视频　跟我做-带参例行程序编写 1　　　视频　跟我做-带参例行程序编写 2

1. 编写 rget 例行程序（表 4-1）

表 4-1　编写 rget 例行程序

操作步骤	操作说明	示意图
1	单击"文件"，单击"新建例行程序"，命名为"rget"（取工件），任务中在一个固定的位置取工件，不需要参数，"参数"选择"无"，单击"确定"按钮	
2	再新建子程序，单击"文件"，单击"新建例行程序"，命名为"rput"（放工件），单击参数后"三点"按钮	

续表

操作步骤	操作说明	示意图
3	单击"添加",单击"添加参数",也可单击"添加可选参数"	
4	添加参数的名称,命名为"i",即表示第 i 个工件,单击"确定"按钮,"数据类型"为"num",单击"确定"按钮,参数添加完成	
5	rget 子程序编写,直接将 rCarry 子程序中的指令复制。rCarry 中的取工件程序,首先关节运动到取的等待位 p_pick1_wait,然后直线运动至 p_pick1 取工件,之后再回到等待点。选中要复制的第一行,单击"编辑"选择子菜单中的"编辑",再单击 p_pick1_wait 将这一行选中,单击"复制"	
6	粘贴到 rget 例行程序。打开 rget 例行程序,单击"粘贴",rget 程序编写完成	

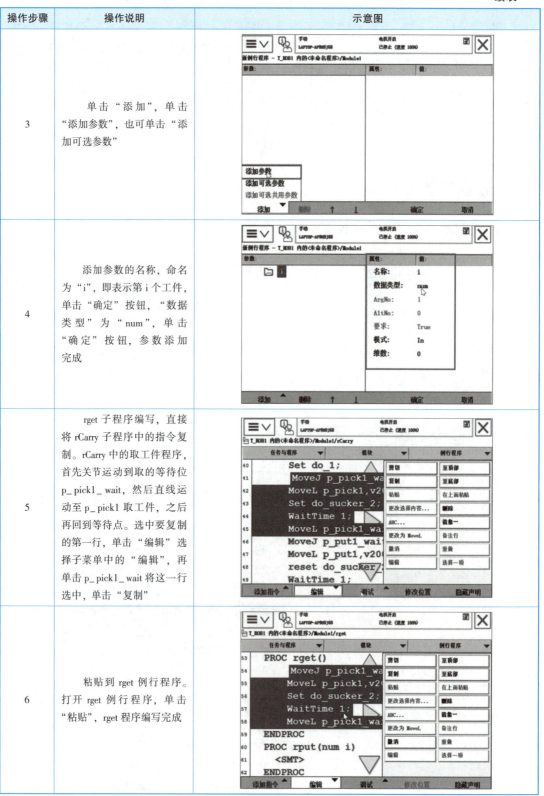

2. 编写 rput 例行程序（表 4-2）

表 4-2 编写 rput 例行程序

操作步骤	操作说明	示意图
1	打开 rput 例行程序，添加放置等待点，单击"添加指令"，单击"MoveJ"指令关节运动到等待点	
2	双击指令，单击"功能"，单击"Offs"偏移	
3	第一个变量是相对 put1 等待位置进行偏移，选择"p_put1_wait"。后面的 3 个变量是相对 x、y、z 方向的偏移值	
4	X 轴方向偏移值单位计算公式为 (i-1) MOD3。实际偏移单位距离用 RS 自带测量工具进行测量。单击" "点到点图标	

续表

操作步骤	操作说明	示意图
5	单击捕捉圆心"⊙",捕捉第一个工位圆心点;到第二个工位圆心,X 方向间隔显示为 55 mm	
6	Y 轴方向,用同样的方法测量,捕捉第一个点和第二个点,Y 轴间隔为 55 mm	
7	回到示教器编写程序。单击"编辑",选择"仅限选定内容"	
8	单击右侧"( )"和"＋",添加至 3 个变量,在第一个括号内输入"i-1"	

续表

操作步骤	操作说明	示意图
9	第二个运算符选择"MOD",第二个参数为"3"	
10	第三个运算符选择"*",参数为"55"。 注意:多余添加的参数需将右侧"-"去掉	
11	Y轴方向用同样的方式输入"(i-1) DIV3 * (-55)"。 注意:因Y轴是负方向偏移,需乘以-55	
12	Z轴没有偏移,偏移为0,单击"编辑"→"仅限选定内容",输入"0",单击"确定"按钮	

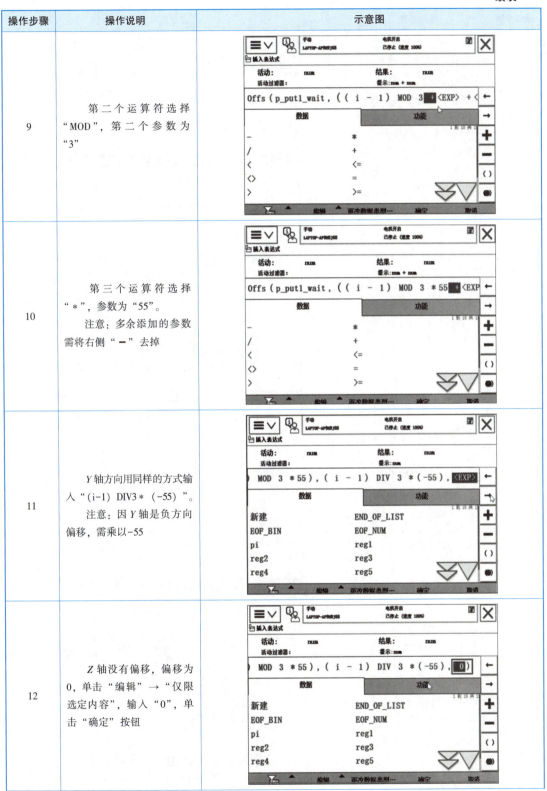

续表

操作步骤	操作说明	示意图
13	编写完成后，查看本条指令，确定针对 p_put1_wait 应用 offs 进行偏移，X、Y 轴表达式正确。工具选择"TCPAir"，工件坐标选择"Wobj_carry_R"。 注意：标定目标点时所用工件坐标与指令中要一致	
14	直接复制上条指令，选中指令，单击"编辑"、"复制"、"粘贴"，粘贴到原指令下方	
15	双击指令，将基准点由"p_put1_wait"修改为"p_put1"，其他的参数不变，单击"确定"按钮，工具和工件坐标都不变。 注意：放置点要求准确到达，转弯半径 z50 要改为 fine	
16	单击"添加指令"，单击"Reset"，选择吸盘工具"do_sucker_2"，单击"确定"按钮，等待 0.5 s，添加"WaitTime"指令，输入 0.5，给吸盘释放真空的时间，单击"确定"按钮	

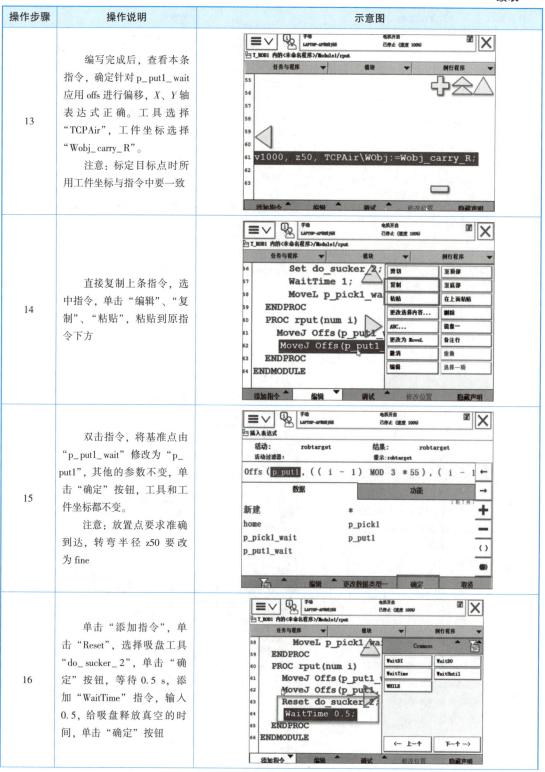

续表

操作步骤	操作说明	示意图
17	放置完成后回到等待点,将等待点 MoveJ 指令粘贴至 Wait Time 0.5 指令下方。 同时将两个需直线运动的 MoveJ 指令改为 MoveL,放置子程序完成	

3. 编写搬运主程序（表 4-3）

表 4-3　编写搬运主程序

操作步骤	操作说明	示意图
1	首先回 home 点,单击"添加指令",单击"MoveJ",编辑选择 home 点;吸盘初始化,插入 Reset 指令,参数为 do_sucker_2;赋值指令输入工件个数,单击":="编辑完成"n:=9",n 为工件个数。 注意:n 需要首先在数据类型中找到 num 数据类型新建变量。z 是定义放几层的变量,可以删除	
2	取工件和放工件程序循环执行 9 次,用 for 循环完成。单击"添加指令",单击"FOR"。参数 ID 可以不用提前定义变量,需要时直接定义	
3	FROM TO 后的参数是循环开始和结束的值,从 1 开始,单击"编辑"→"仅限选定内容",输入 1。搬运几个工件就循环几次,定义数值型数据 n,双击参数后选择"n",单击"确定"按钮,即 FROM 1 TO n	

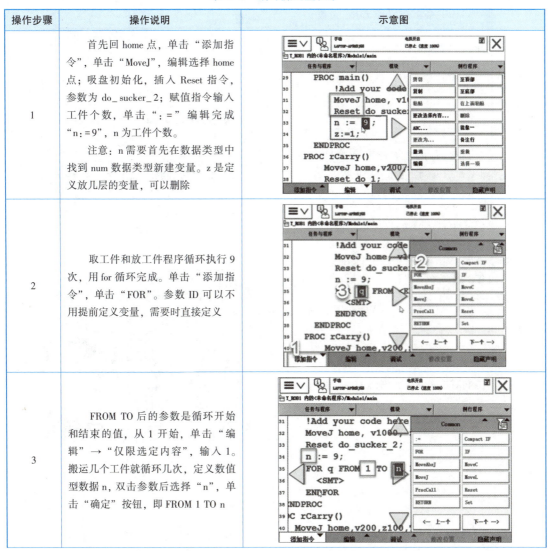

续表

操作步骤	操作说明	示意图
4	单击"添加指令",单击"ProCall",选择"rget"例行程序取工件;再调用放工件的程序,用同样的方法添加"ProCall",选择"rput"例行程序放置工件	
5	rput 是带参数的例行程序,参数是放的第几个工件,在 for 循环中的 q 就是定义的取第几个放第几个,参数选择"q"	
6	由于 smart 组件的特点,在取放之前要启用 smart,单击"添加指令",单击"Reset",参数选择"do_1"。Reset 之后插入"Set do_1",完成 smart 组件启动需要的上升沿。在每一个工件取完之后,插入"Wait Time"指令,参数输入"0.5",等待 0.5 s,程序编写完成	
7	单击"仿真",再单击"播放",任务执行,搬运 9 个工件,任务完成	

任务 4.2　自定义带参功能函数实现位置计算

知识链接

4.2.1　带参功能函数

ABB 中有许多自带的功能函数，如 Offs、Abs 可完成偏移、取绝对值等对应功能，但有些功能需要自行编写程序完成，就需要进行带参功能函数的编写。如输入工件个数，通过函数计算，直接返回偏移值。ABB 机器人中可通过将类型改为功能，添加参数进行相应带参功能函数编写，如图 4-4 所示。

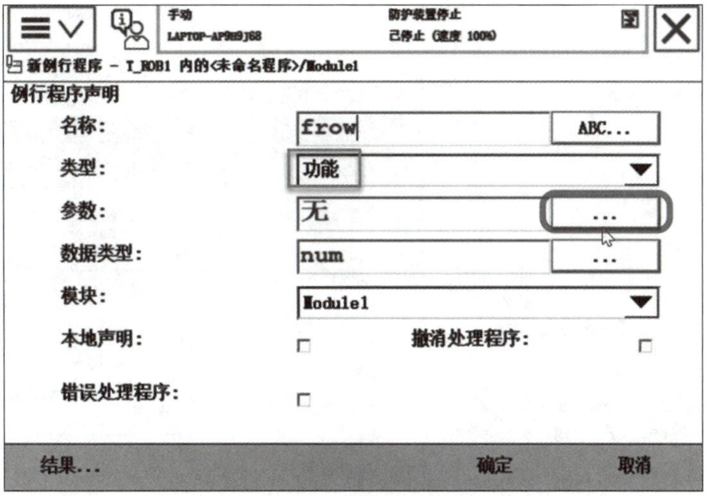

图 4-4　带参功能函数编写

4.2.2　RETURN 语句

RETURN 用于完成程序的执行。如果程序是一个函数，则同时返回函数值。
RETURN value
数据类型为符合函数声明的类型。函数的返回值必须通过函数中存在的 RETURN 指令指定。如果指令存在于无返回值程序或软中断程序中，则不得指定返回值。

例如
FUNC num frow(num i)
X:=(i-1) MOD 3 * 55;
RETURN X;
ENDFUNC
此函数返回值为数值型 X 的计算值。

任务实施向导

4.2.3 编写带参功能函数

视频 跟我做-自定义带参功能函数实现位置计算

1. 编写 XY 方向带参功能函数（表 4-4）

表 4-4 编写 XY 方向带参功能函数步骤

操作步骤	操作说明	示意图
1	单击"程序数据"，在程序数据中建两个数值型的变量 x，y，分别代表工件 X、Y 方向的偏移量，选中"num"数值，单击"新建"，输入"x"单击"确定"。再建一个"y"变量，单击"确定"按钮	
2	单击"文件"，再单击"新建例行程序"，将"类型"改为"功能"，输入名称为"frow"，计算 x 的偏移，此功能要计算第几个工件的偏移，需要带参，单击参数后的"三点"按钮，添加参数	
3	单击"添加"，再单击"添加参数"，输入名称"i"表示第几个工件，单击"确定"按钮，"数据类型"为"num"，"模式"为"In"类型，连续单击"确定"按钮	

续表

操作步骤	操作说明	示意图
4	双击 frow 例行程序，编写 x 的计算，添加赋值指令，将 X 方向上的位置偏移计算值赋给 x。单击"添加指令"，再单击 ":="	
5	输入"X:=（i-1）MOD 3 * 55"，单击"确定"按钮	
6	计算 x 偏移功能函数返回的是数值型，添加"RETURN"指令，选择"X"值，单击"确定"按钮，插入下方。X 方向偏移的功能函数建立完成	
7	建立 Y 方向上的偏移位置值的功能函数，单击"例行程序"，单击"文件"，再单击"新建例行程序"，"类型"选择"功能"，命名为"fline"	

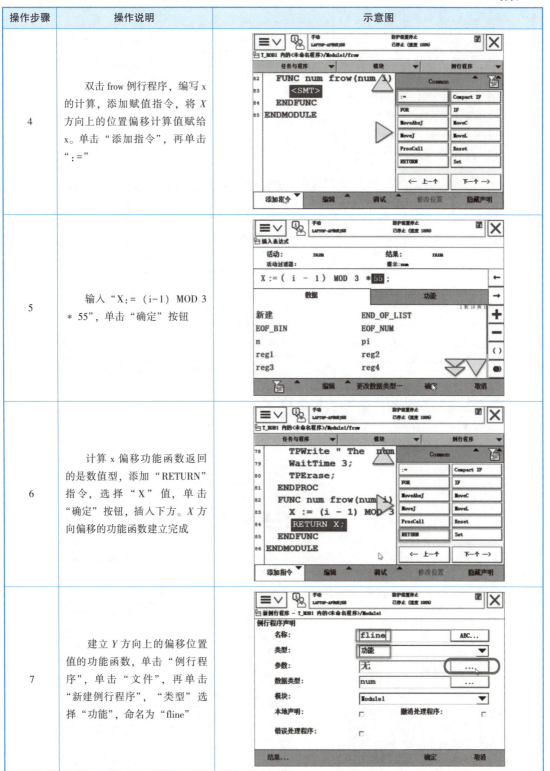

99

续表

操作步骤	操作说明	示意图
8	单击参数后按钮，单击"添加"，单击"添加参数"，输入名称"i"，单击"确定"按钮，"模式"选择为"In"，单击"确定"按钮，功能函数"数据类型"即返回值是"num"，单击"确定"按钮	
9	编写 Y 方向上的偏移位置，同样用赋值指令将 Y 的值表达出来，操作与 X 方向相同，输入"Y:=(i-1) DIV*(-55)"。同样功能函数返回 Y 方向偏移值，单击"RETURN"，选择"Y"，单击"确定"按钮，插入下方。Y 方向偏移位置的数值通过功能函数编写完成	

2. 功能函数应用及程序运行（表4-5）

表4-5 功能函数应用及程序运行步骤

操作步骤	操作说明	示意图
1	打开例行程序 rput，x 位置的表达式较长，可把位置表达式改成功能	
2	双击指令，单击"—"将参数减少为一个，选择"功能"，选择 X 方向偏移函数"frow()"，输入变量"i"，单击"确定"按钮	

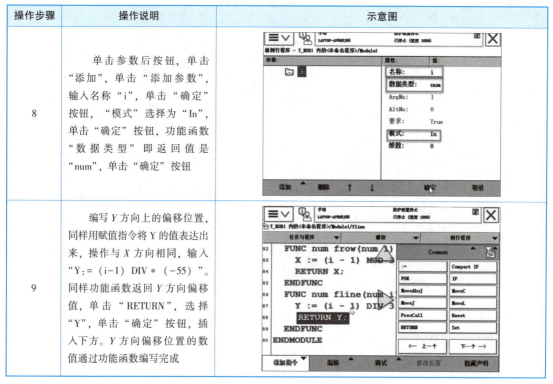

续表

操作步骤	操作说明	示意图
3	Y方向，单击"功能"，选择"fline（ ）"，输入"i"，单击"确定"按钮。Z方向输入"0"，单击"确定"按钮	
4	用同样方法修改其他指令中位置的表达式。X、Y方向的表达式都用"frow（ ）""fline（ ）"替换。放下工件后到等待位的指令为MoveL，选中上方的指令，单击"复制"，单击"粘贴"，需直线运动，选中指令单击"更改为MoveL"，程序编写完成	
5	单击"仿真"，单击"播放"，进行程序仿真，输入搬运工件个数"3"	
6	3个工件搬运完成，机器人停止运动，带参功能函数实现搬运完成	

任务 4.3 装配任务实现

知识链接

4.3.1 RelTool 指令用法

在装配任务中经常遇到的问题是旋转,如日常生活中拧瓶盖,机器人遇到旋转问题时可以用 RelTool 指令完成旋转。

RelTool(Relative Tool)用于将通过有效工具坐标系表达的位移或旋转增加至相应机械臂位置。其可选变元有 RelTool (Point Dx Dy Dz [Rx] [Ry] [Rz])。

其中,Point 数据类型:robtarget,输入机械臂位置。该位置的方位规定了工具坐标系的当前方位。

Dx、Dy、Dz 数据类型:num,分别为工具坐标系 X、Y、Z 方向的位移,单位为 mm。

[Rx]、[Ry]、[Rz] 数据类型:num,分别为工具坐标系 X、Y、Z 轴的旋转,单位为(°)。

示例:

`MoveL RelTool (p1,0,0,100),v100,fine,tool1;`

表示将沿工具的 Z 方向,将机械臂移动 p1 至 Z 方向 100 mm 的位置。

示例:

`MoveL RelTool (p1,0,0,0 \Rz:=25),v100,fine,tool1;`

表示将工具围绕 Z 轴旋转 25°。

注意:如果同时指定两个或 3 个旋转,则旋转将以如下顺序执行:绕 X 轴旋转、绕新 Y 轴旋转、绕新 Z 轴旋转。

4.3.2 ConfL 指令用法

ConfL(Configuration Linear)用于确定是否在线性或圆周运动期间监测机械臂的配置。如果未对其进行监测,则执行期间的配置可能与编程期间的配置有所不同。本指令仅可用于主任务 T_ROB1,或者如果在 MultiMove 系统中,则可用于运动任务中。其可选变元为 ConfL [On] | [Off],可进行打开或关闭操作。

轴监控指令 ConfL,在线性运动期间用于监测配置,默认情况下监测配置是打开的,所以机器人经常会出现无法到达程序指定位置的情况。参数选择 off,关闭轴监控,机器人会以尽可能与轴之前的示教点配置相近的位置来到达目标点;参数选择 on,打开轴监控,机器人一定会以所示教的位置为基准到达目标点,如果不能以示教时的位置到达目标点,程序就会停止执行。所以,在旋转时可以将轴监控关闭,旋转完成后,再将轴监控打开。

以下例子介绍了指令 ConfL。

示例：

ConfL \On;

MoveL *,v1000,fine,tool1;

当不可能从当前位置达到编程配置时，停止程序执行。

示例：

ConfL \Off;

MoveL *,v1000,fine,tool1;

机械臂运动至编程位置和方位，但是与可能的轴配置最为接近，其可能与编程情形有所不同。

任务实施向导

4.3.3 编写任务程序

视频 跟我做-装配任务程序编写

1. 编写装配例行程序（表4-6）

表4-6 编写装配例行程序步骤

操作步骤	操作说明	示意图
1	单击"文件"，再单击"新建例行程序"，输入名称"rassemble"，单击"确定"按钮	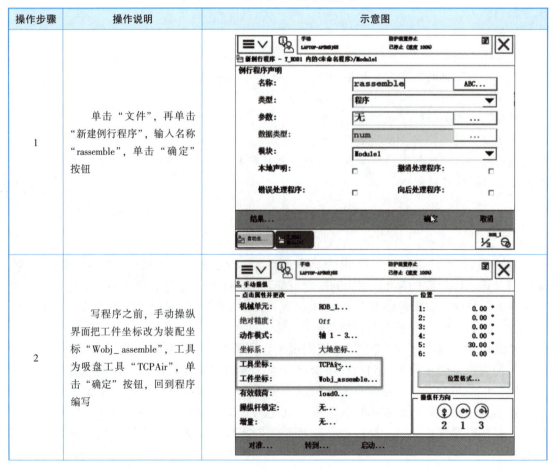
2	写程序之前，手动操纵界面把工件坐标改为装配坐标"Wobj_assemble"，工具为吸盘工具"TCPAir"，单击"确定"按钮，回到程序编写	

续表

操作步骤	操作说明	示意图
3	单击"添加指令",单击"MoveJ",参数选择"p_assemble_put_wait"点,速度为500,单击"确定"按钮。 注意:检查工具坐标和工件坐标,手动设置好之后,编写程序就会按照手动设置的工件和工具添加	
4	单击"添加指令",单击"MoveL"线性指令,选择装配点"p_assemble_put",往下直线运行时速度为"v50",转弯数据为"fine",单击"确定"按钮	
5	以装配点为基准,吸盘工具绕着Z轴旋转,旋转轴是吸盘工具的轴。用线性运动的RelTool功能	
6	单击"添加指令",单击"MoveL"线性运动,双击指令,选中位置参数,单击"功能",选择"RelTool"	

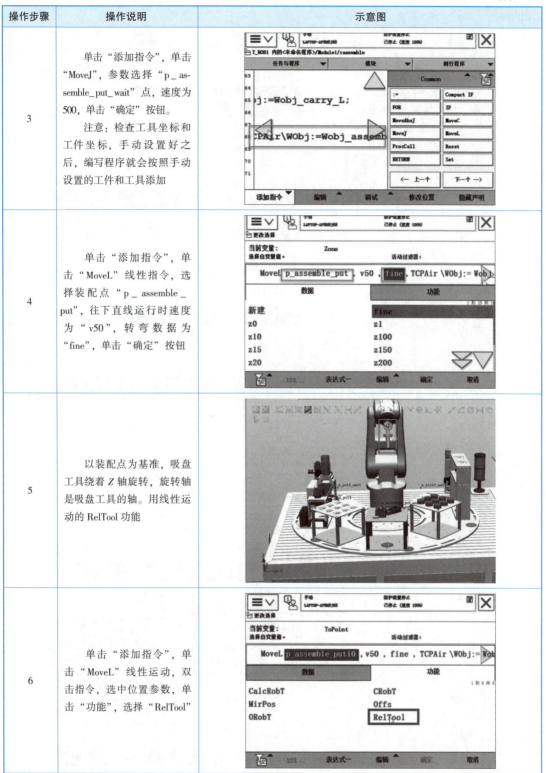

续表

操作步骤	操作说明	示意图
7	绕工具坐标进行旋转,RelTool 旋转的基准点就是装配点,选择"p_assemble_put",以装配点为基准,X、Y、Z 方向均为 0,Z 轴要旋转-90°,选中 RelTool,单击"编辑"→"Optional Arguments"	
8	单击可选项,选择"[\Rz]",单击"使用",最后单击"关闭"	
9	Rz 旋转的度数为-90°,连续单击"确定"按钮	
10	单击"添加指令",选择"Settings"选项,选择指令"ConfL"	

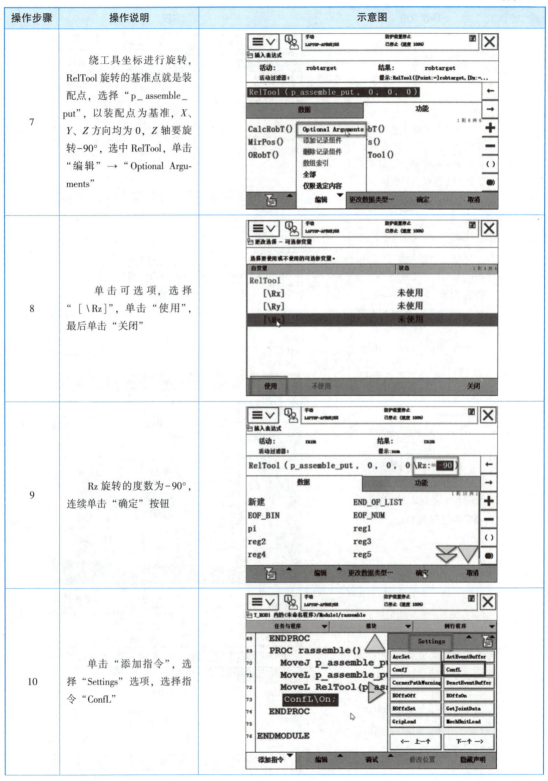

续表

操作步骤	操作说明	示意图
11	把线性运动期间的监测配置关闭，双击ConfL指令，单击"可选变量"，单击"\Off"，再单击"使用"，之后单击"关闭"，最后单击"确定"按钮	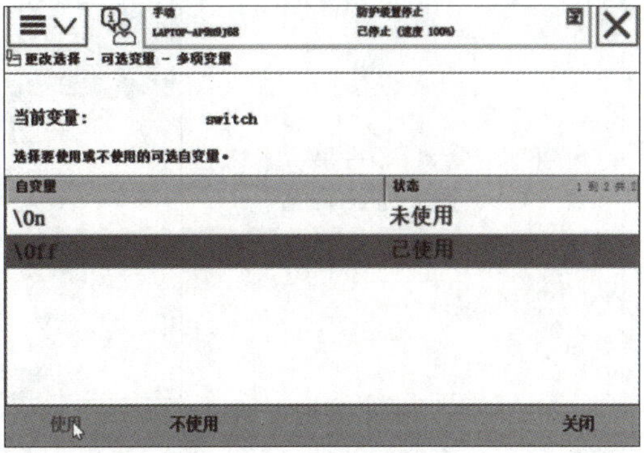
12	将轴监控关闭指令剪切并粘贴到旋转前。单击"添加指令"，单击"Reset"，选择吸盘工具"do_sucker_2"释放吸盘。添加"WaitTime 1"语句。将等待点指令复制、粘贴至时间指令下方，单击"更改为MoveL"，运动至等待点。再添加"ConfL\On"轴监控打开。装配程序完成	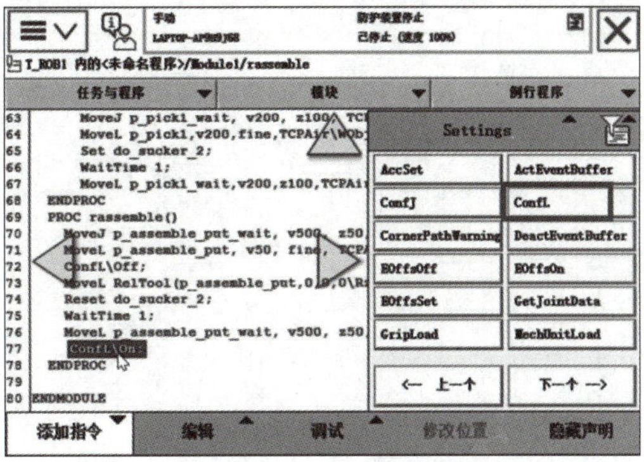

2. 编写装配主程序（表4-7）

表4-7 编写装配主程序步骤

操作步骤	操作说明	示意图
1	回home位，复位吸盘和smart组件，rget程序取工件完成后，进行装配，调用装配例行程序。在"rget"指令后，单击"添加指令"，单击"ProcCall"，选择"rassemble"。装配完成后添加回home点指令	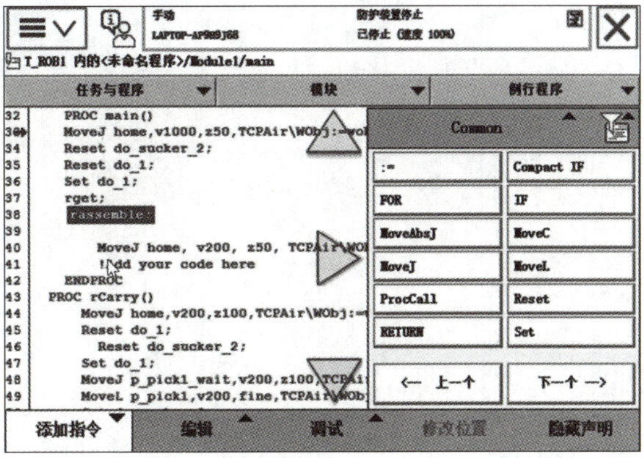

续表

操作步骤	操作说明	示意图
2	单击"仿真",再单击"播放",机器人完成装配任务	

任务实施记录及验收单1

任务名称	工件个数带参例行程序实现		实施日期	
任务要求	要求：应用 MOD、DIV、Offset 函数完成工件个数对应位置搬运任务实现			
计划用时			实际用时	
组别			组长	
组员姓名				
成员任务分工				
实施场地				
所需设备（或环境）清单	请列写所需设备或环境，并记录准备情况。若列表不全，请自行增加需补充部分 <table><tr><td>清单列表</td><td>主要器件及辅助配件</td></tr><tr><td>机器人硬件</td><td></td></tr><tr><td>搬运台</td><td></td></tr><tr><td>夹爪、吸盘</td><td></td></tr><tr><td>工件</td><td></td></tr></table> 补充： _____ _____			
成本核算	（完成任务涉及的工程成本） 所用工时：_____ 工件消耗：_____ 设备损耗：_____ 机器人系统价格（包含本体、示教器、控制柜等必需设备）：_____ ……			
实施步骤与信息记录	（任务实施过程中重要的信息记录，是撰写工程说明书和工程交接手册的主要文档资料） 位置计算过程：_____ 取件程序编写过程：_____ 放置程序编程过程：_____ 主程序编程过程：_____			
遇到的问题及解决方案	列写本任务完成过程中遇到的问题及解决方案，并提供纸质或电子文档 _____			

续表

任务名称		工件个数带参例行程序实现		实施日期	
自我检测评分点	项目列表	自我检测要点		配分	得分
	基本素养	纪律（无迟到、早退、旷课）		10	
		安全规范操作，符合5S管理规范		10	
		团队协作能力、沟通能力		10	
	理论知识	网教平台理论知识测试		10	
	工程技能	能进行程序建立		10	
		会应用相应函数进行行位置计算		10	
		会应用相应函数进行列位置计算		10	
		能进行程序编写		10	
		撰写实施步骤及过程记录说明书并列出问题解决方案		10	
		撰写成本核算清单，并且依据充分、合理		10	
	总评得分				
	综合评价 1. 目标完成情况 _____ _____ _____ _____ 2. 存在问题 _____ _____ _____ _____ 3. 改进方向 _____ _____ _____ _____				

任务实施记录及验收单2

任务名称	自定义带参功能函数实现搬运及装配任务	实施日期	
任务要求	要求：编写自定义带参功能函数并应用其完成任意工件个数搬运及装配任务		
计划用时		实际用时	
组别		组长	
组员姓名			
成员任务分工			
实施场地			
课程提供搬运工作站所需硬件设备（或环境）清单	请列写所需设备或环境，并记录准备情况。若列表不全，请自行增加需补充部分 | 清单列表 | 主要器件及辅助配件 | | --- | --- | | 机器人硬件 | | | 搬运台 | | | 夹爪、吸盘 | | | 工件 | |		
成本核算	（搬运工作站的硬件组成工程成本） 机器人硬件：_____ 夹爪、吸盘：_____ 工件：_____ 其他辅助系统及工具：_____		
实施步骤与信息记录	（任务实施过程中重要的信息记录，是撰写工程说明书和工程交接手册的主要文档资料） 带参功能函数编写：_____ 功能函数应用：_____ 搬运任务实现：_____ 装配任务实现：_____ ……		
遇到的问题及解决方案	列写本任务完成过程中遇到的问题及解决方案，并提供纸质或电子文档		

续表

任务名称		自定义带参功能函数实现搬运及装配任务		实施日期	
自我检测评分点	项目列表	自我检测要点		配分	得分
	基本素养	纪律（无迟到、早退、旷课）		10	
		安全规范操作，符合5S管理规范		10	
		团队协作能力、沟通能力		10	
	理论知识	网教平台理论知识测试		10	
	工程技能	X 方向带参功能函数编写		10	
		Y 方向带参功能函数编写		10	
		搬运程序运行		10	
		装配任务编写		10	
		撰写带参功能函数装配说明书及问题解决方案		10	
		撰写成本核算清单，并且依据充分、合理		10	
	总评得分				
	综合评价 1. 目标完成情况 2. 存在问题 3. 改进方向 				

任务拓展

拓展任务视频 跟
我做-搬运工作站
所用 Smart 组件

在不具备真实机器人实训设备时,可用离线编程的方式验证程序。在离线编程中为仿真真实环境,需对真实环境中的传感器、抓起、释放工件等动作进行仿真,Smart 组件是在 RobotStudio 仿真中实现动画效果的重要工具。通过 Smart 组件可以对任务中的机械装置、部件等进行控制,达到该机械装置或部件在任务中应该实现的功能,如流水线、吸盘工具等。本次拓展任务完成搬运工作站所用 Smart 组件的创建,包括线性传感器、抓放工件、物料、逻辑语句等,所需 Smart 组件如图 4-5 所示。

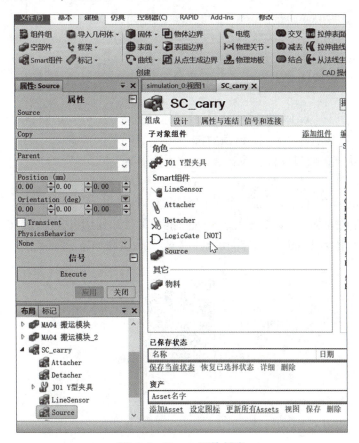

图 4-5 Smart 组件创建

知识测试

1. 单选题

(1) 关于 MOD 函数,描述正确的是(   )。

A. 求商函数　　B. 求余函数　　C. 求和函数　　D. 求差函数

(2) 关于 DIV 函数,描述正确的是(   )。

A. 求余函数　　B. 求商函数　　C. 求和函数　　D. 求积函数

（3）多工件搬运任务中，X 方向偏移位置计算会用到以下（　　）功能函数。
A．MOD　　　　B．DIV　　　　C．ABS　　　　D．COS

（4）下列描述程序 MoveL Offset（b10, 0, 0, 80），V100，fine，tool2 含义正确的是（　　）。
A．线性运动至向 Z 正向偏移 80mm 于"b10"的点位，速度为 100mm/min，无转弯区数值，工具参数为 tool2
B．线性运动至向 Z 正向偏移 80mm 于"b10"的点位，速度为 100mm/s，无转弯区数值，工具参数为 tool2
C．线性运动至向 Z 负向偏移 80mm 于"b10"的点位，速度为 100mm/min，无转弯区数值，工具参数为 tool1
D．线性运动至向 Z 负向偏移 80mm 于"b10"的点位，速度为 100mm/s，无转弯区数值，工具参数为 tool1

（5）机器人搬运任务的主要环节有工艺分析、运动规划、示教准备、（　　）和程序调试。
A．视觉检测　　　B．原点标定　　　C．示教编程　　　D．路径规划

2. 判断题（正确的打"√"，错误的打"×"）

（1）Offset 功能是对目标位置执行 X、Y、Z 轴平移。（　　）

（2）GripLoad load0 表示设置负载为 load0。（　　）

（3）ProcCall 指令可以调用带参数的例行程序。（　　）

（4）使用赋值指令时，其右侧的表达式只能由常量和变量组合构成。（　　）

（5）RelTool 指令只可进行 Z 方向旋转。（　　）

任务 4　知识测试参考答案

任务 5

示教器人机对话实现

课件　示教器人机对话实现

 1+X 证书技能要求

工业机器人应用编程职业技能等级证书（中级）		
工作领域	工作任务	技能要求
2. 工业机器人系统编程	2.3 工业机器人系统外部设备通信与编程	2.3.5 能够根据工作任务要求，编制工业机器人单元人机界面程序
工业机器人集成应用职业技能等级证书（中级）		
工作领域	工作任务	技能要求
2. 工业机器人系统程序开发	2.2 工业机器人典型任务示教编程	2.2.3 能进行触摸屏画面的仿真运行

视频　工件个数输入运行结果

搬运、码垛是工业机器人的典型应用，当工件数量确定时，可以在程序中通过给变量赋值的形式将工件搬运的数量固化到程序中，但在有些任务运动过程中某些参数不确定，需要根据现场情况手动输入，如搬运工件个数、码垛层数等，通常情况下如果参数较少，为节约工程成本，可由示教器单独输入，本任务要求能完成工业机器人典型搬运任务中搬运个数现场给定，通过示教器输入，机器人完成示教器输入的指定工件个数搬运。

任务工单

任务名称	示教器人机对话实现		
设备清单	IRB120 机器人本体；紧凑型控制柜、示教器等；搬运台及搬运工件；电路、气源等辅助设备；导线、螺丝刀、万用表等工具	实施场地	具备条件的 ABB 机器人实训室（若无实训设备也可在装有 RobotStudio 软件的机房利用虚拟工作站完成）；配套工作站文件：model_5_1.rspag
任务目的	应用 TPWrite 指令、TPErase 指令完成示教器屏幕显示及清除任务；应用 TPReadFK 指令完成键值输入工作；应用 TPReadNum 指令完成指定工件个数的输入		
任务描述	本任务需完成工件由示教器人机界面输入的指定个数搬运。任务要求应用提供的选项进行 TPWrite 指令、TPErase 指令完成屏幕显示及清除，应用 TPReadFK 指令完成键值输入的个数、TPReadNum 指令完成指定工件个数的输入，实现在特定情况下需现场输入工件个数时的示教器人机界面输入		
素质目标	培养学生对工业机器人指令理解与应用的知行合一精神；培养学生发现问题、解决问题的求真务实精神；培养学生程序编写过程中反复琢磨、精益求精的工匠精神		
知识目标	了解工业机器人编程指令查找方法；掌握 TPWrite、TPErase、TPReadFK、TPReadNum 指令的应用方法；掌握人机界面程序的编写		
能力目标	能应用例行程序完成示教器人机对话的程序建立；能用 TP 指令进行人机对话界面程序编写；会根据不同任务进行程序编写		
验收要求	能进行任意工件个数的现场输入及搬运任务，能对程序进行优化。详见任务实施记录单和任务验收单		

任务 5.1　TP 指令实现人机接口功能

5.1.1　TPWrite 指令用法

视频　跟我学-人机交互功能编程指令

TPWrite 指令用于在示教器上写入文本并显示。

例1：

TPWrite "Hello World";

运行程序则会在示教器上写入文本"Hello World"，如图 5-1 所示。

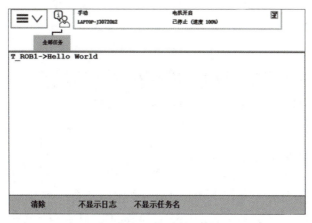

图 5-1　TPWrite 指令应用显示结果

若要显示除字符串外的其他数据类型，则要使用可选变元 TPWrite String [Num] | [Bool] | [Pos] | [Orient] | [Dnum]，分别为数值数据、布尔数据、位置数据、方位数据、双字节数据。需要注意的是，参数 \ Num、\ Dnum、\ Bool、\ Pos 和 \ Orient 互相排斥，因此，不可同时用于同一指令，只能单独使用。

若要显示数字，则需在编辑中选择可选变元，这里选择使用 Num。

例2：

reg1=5;

TPWrite "The number reg1 is" \Num:=reg1;

指令执行结果在示教器上显示为"The number reg1 is5"，如图 5-2 所示。

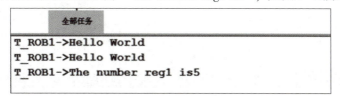

图 5-2　Num 变元显示结果

5.1.2 TPErase 指令用法

TPErase 程序执行时彻底清除示教器显示器中的所有文本。下一次写入文本时,其将进入显示器的最高线。

例 3：

TPErase;

TPWrite "Clear";

指令执行结果在示教器上显示为"Clear",如图 5-3 所示。

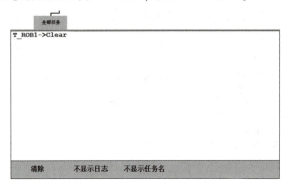

图 5-3　TPErase 指令应用显示结果

5.1.3 TPReadFK 指令用法

指令 TPReadFK 的用法,用于对功能键编写文本以及查找按下的是哪个键。指令格式为 TPReadFK <EXP>, " ", stEmpty, stEmpty, stEmpty, stEmpty, stEmpty。<EXP>为变量,双引号内容可屏幕显示,stEmpty 为选项。

例 4：

TPReadFK reg1, "Number", "3", "6", "9", "yes", "no";

显示如图 5-4 所示,上方显示"Number"为输入的字符,下方 5 个功能键位置显示"3,6,9,yes,no",是 stEmpty 选项中输入的数据,按 yes 功能键,即第 4 个功能键后,显示 reg1 的值为 4,表示按下的是第 4 个功能键。需要特别注意,应用此指令可以查看按下的是哪个功能键,而不是功能键上的数值,根据按下的是哪个功能键,再用 if 等判断语句进行后续程序编写。

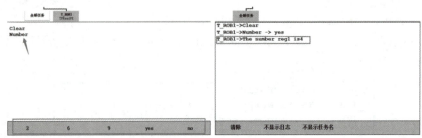

图 5-4　TPReadFK 指令应用显示结果

5.1.4 TEST 指令用法

TEST 指令表示根据表达式或数据的值,当有待执行不同的指令时,使用 TEST…CASE 指令。如果并没有太多的替代选择,则也可使用 IF…ELSE 指令。

例 5:
TEST reg1
CASE 1,2,3 :
  routine1;
CASE 4 :
  routine2;
DEFAULT :
  TPWrite "Illegal choice";
  Stop;
ENDTEST

以上例子表示根据 reg1 的值,执行不同的指令。如果该值为 1、2 或 3 时,则执行 routine1。如果该值为 4,则执行 routine2。否则,打印出错误消息,并停止执行。本任务中应用 TEST 指令完成键值与工件个数的赋值转换。

视频 跟我做-TP 指令实现人机接口功能

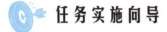

任务实施向导

5.1.5 编写 TP 指令实现指定工件个数搬运

1. 编写 rtp 例行程序(表 5-1)

表 5-1 编写 rtp 例行程序

操作步骤	操作说明	示意图
1	单击"文件",单击"新建例行程序",命名为"rtp","参数"选择"无",单击"确定"按钮	

续表

操作步骤	操作说明	示意图
2	进入主程序编写，单击"添加指令"，选择"Communicate"指令模块，添加"TPReadFK"指令	
3	第一个参数是此指令获取值的存储变量，选择系统自带的变量"reg2"；第二个变量为屏上要显示的内容，输入"Please input num"	
4	stEmpty 为 5 个键值的内容，前 3 个键值输入"3""6""9"，第 4、第 5 键值不再输入，单击"确定"按钮	
5	单击"添加指令"，单击"TPWrite"，插入下方，用于显示输入的键值	

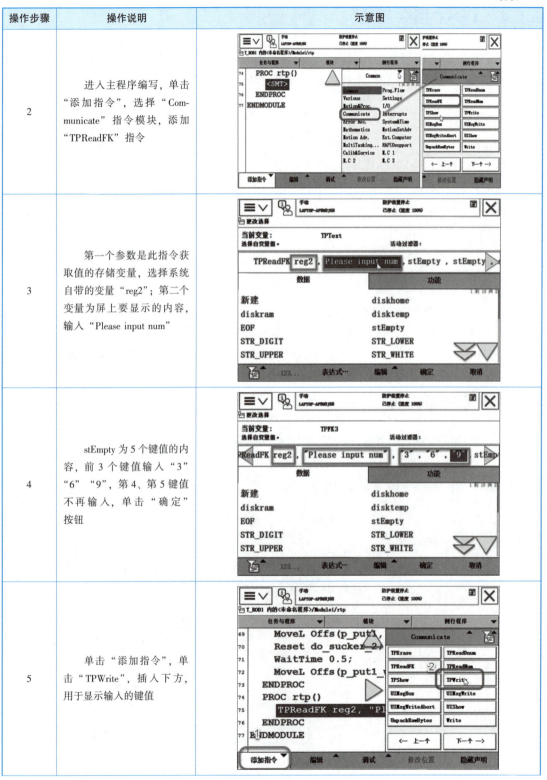

续表

操作步骤	操作说明	示意图
6	单击"编辑"→"可选变元"	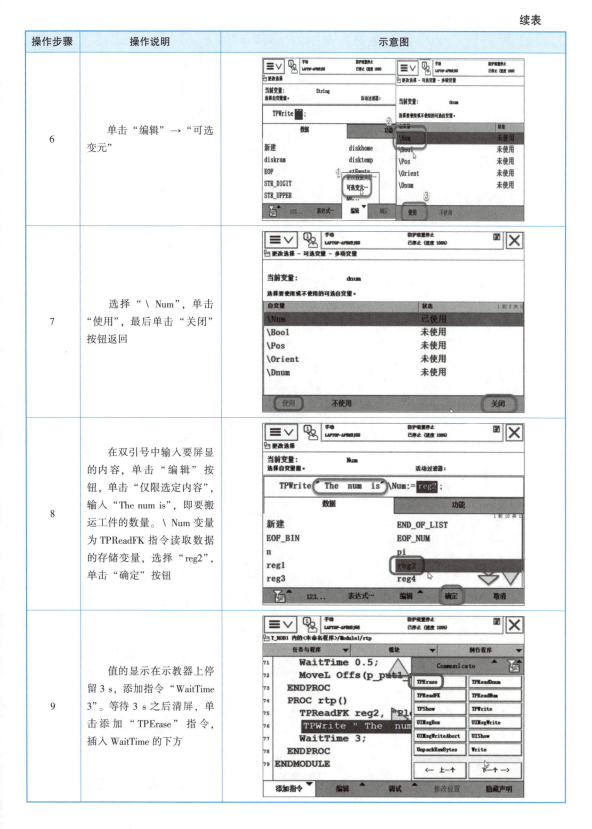
7	选择"\Num",单击"使用",最后单击"关闭"按钮返回	
8	在双引号中输入要屏显的内容,单击"编辑"按钮,单击"仅限选定内容",输入"The num is",即要搬运工件的数量。\Num 变量为 TPReadFK 指令读取数据的存储变量,选择"reg2",单击"确定"按钮	
9	值的显示在示教器上停留 3 s,添加指令"WaitTime 3"。等待 3 s 之后清屏,单击添加"TPErase"指令,插入 WaitTime 的下方	

2. 编写键值内容显示程序（表 5-2）

表 5-2 编写键值内容显示程序

操作步骤	操作说明	示意图
1	读取键值 reg2 的内容进行显示，这里用指令 TEST CASE 进行分类显示。单击"添加指令"，单击"⬚"，输入"test"，单击"过滤器"按钮，单击"TEST"指令，插入 TPReadFK 的下方	
2	需要 3 个 CASE 显示 3 个键值。双击指令，单击"添加 CASE"按钮，添加至 3 个 CASE，单击"确定"按钮	
3	TEST 后参数是要检测的内容，选择键值的存储变量"reg2"，第一种情况，如果 reg2 等于 1，单击"编辑"单击"ABC"，输入"1"，表示选择的是第一个键值。进行赋值，添加赋值指令"n:=3"，单击"确定"按钮	
4	用同样的方法完成剩余两个 CASE 指令的编写。第 2 个键值，赋值"n:=6"，第 3 个键值，赋值"n:=9"	

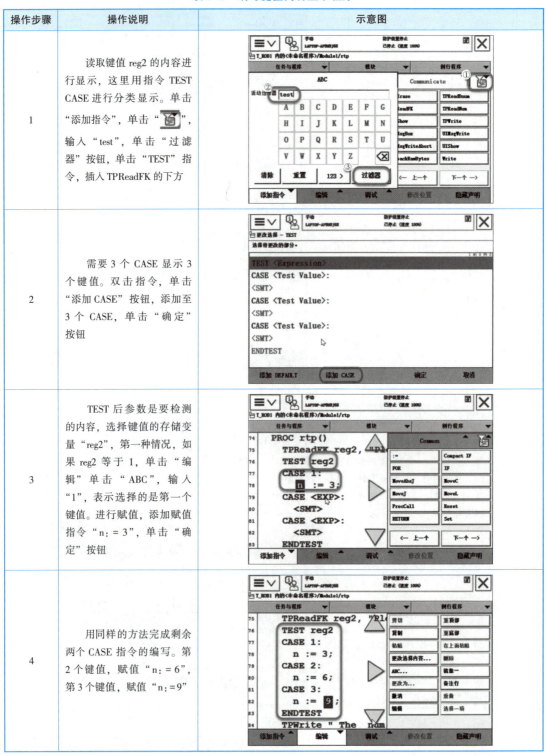

3. 编写 TP 指令应用主程序（表 5-3）

表 5-3　编写 TP 指令应用主程序

操作步骤	操作说明	示意图
1	在主程序里，之前是用对 n 直接赋值的方式进行工件个数的确认，应用 TPReadFK 之后可以将对 n 的直接赋值删除	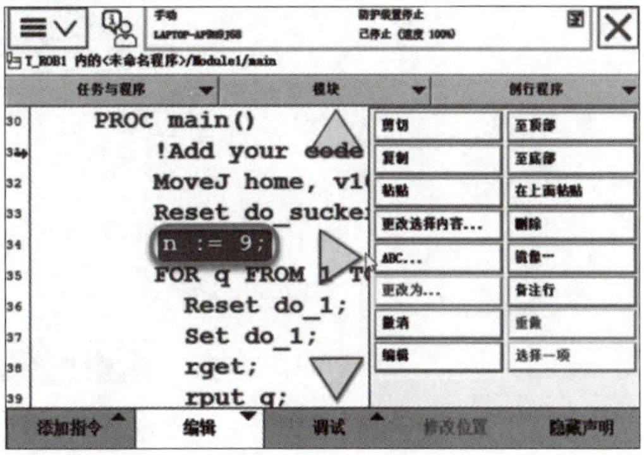
2	单击添加"ProcCall"指令，调用"rtp"例行程序，单击"确定"按钮	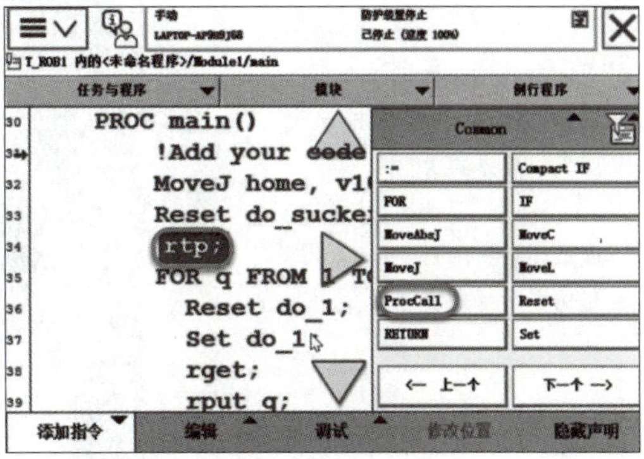
3	要显示的是键值里的内容，将例行程序 rtp 中的"reg2"替换为"n"，单击"确定"按钮	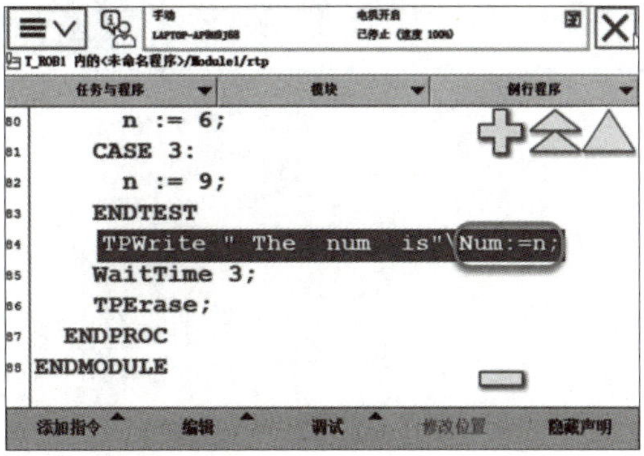
4	显示主程序，单击"调试"，单击"PP 移至 main"，再单击"运行"，示教器显示如右图所示界面，单击"3"	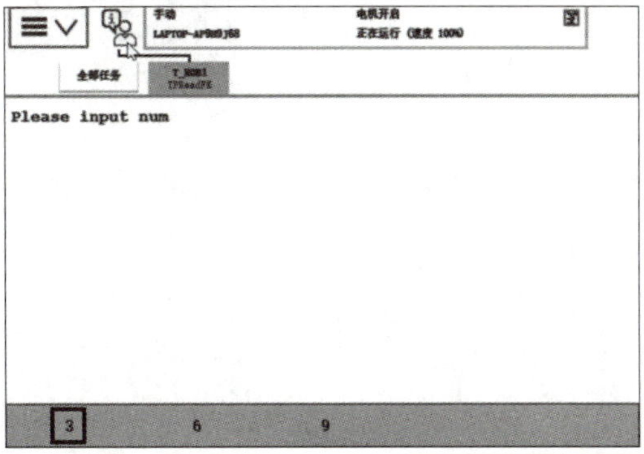

续表

操作步骤	操作说明	示意图
5	显示为"The num is 3"，3 s 之后清屏	
6	运行结果搬运 3 个工件后停止。TP 指令实现触摸屏人机接口的功能。 注意：手动运行时，速度最高限制在 250 mm/s，但是仿真运行是实际指令中的速度	

任务 5.2　TPReadNum 实现搬运工件 HMI 输入

知识链接

5.2.1　TPReadNum 指令用法

与 TPReadFK 指令读取功能按键数不同，TPReadNum 用于从示教器读取编号，用法更直接、简便。

例 1：

TPReadNum reg1, "How many units should be produced?"

TPWrite "The number reg1 is" \Num:=reg1;

将文本 "How many units should be produced?" 写入示教显示器，提示要输入的内容为数字。程序执行进入等待，直至从示教器上的键盘输入数字，如输入 5，将数字 5 存储在 reg1 中，用 TPWrite 显示 reg1 的值为 5，运行结果如图 5-5 所示。

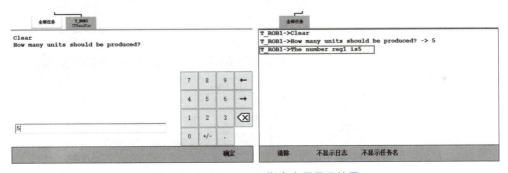

图 5-5　TPReadNum 指令应用显示结果

任务实施向导

5.2.2　编写 TPReadNum 指令完成输入工件个数搬运

视频　跟我做-
TPReadNum 实现
搬运工件 HMI 输入

1. 编写 rtpnum 例行程序（表 5-4）

表 5-4　编写 rtpnum 例行程序

操作步骤	操作说明	示意图
1	单击"文件"，单击"新建例行程序"，命名为"rtpnum"例行程序，即键盘输入数值，单击"确定"按钮	
2	双击新建的例行程序，再单击"添加指令"，在"Communicate"模块中单击"TPReadNum"添加指令	
3	第一个参数为读取的数值，即将键盘上输入数值赋予的变量，选择数值型变量"n"。 字符串表达式是指在示教器屏幕上显示的字符串，输入"How many workpieces do you want to carry?"想搬运的工件数值，连续单击"确定"按钮	
4	单击"添加指令"，单击"TPWrite"，插入下方，输入"The num is"，即搬运的数值，确定。添加"\Num"可变元	

续表

操作步骤	操作说明	示意图
5	具体参数为输入的工件个数"n",单击"确定"按钮	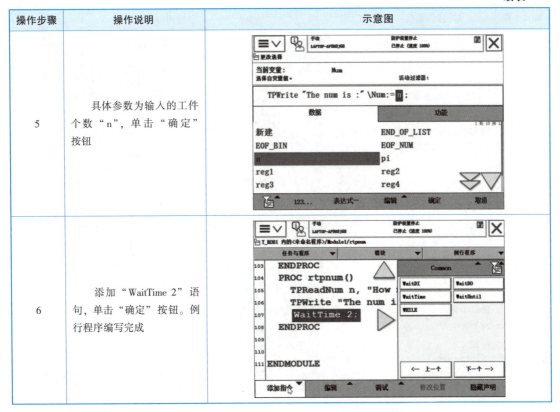
6	添加"WaitTime 2"语句,单击"确定"按钮。例行程序编写完成	

2. 编写工件个数输入主程序（表5-5）

表5-5 编写工件个数输入主程序

操作步骤	操作说明	示意图
1	在主程序中对例行程序进行调用。主程序里初始化完成后,需读取工件个数才能搬运	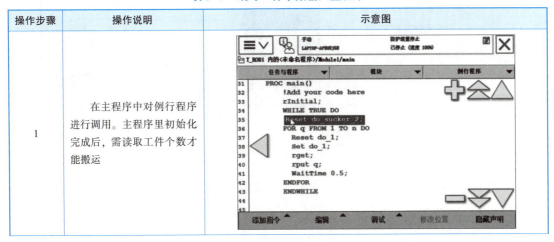

续表

操作步骤	操作说明	示意图
2	单击"添加指令",单击"ProcCall",选择"rtpnum"例行程序	
3	单击"播放",示教器弹出小键盘窗口,输入工件的个数"2",单击"确定"按钮	
4	机器人完成两个工件搬运之后,结束运行。可以再次输入搬运工件的数量,任务完成	

任务实施记录及验收单1

任务名称	工件个数键值输入任务		实施日期	
任务要求	要求：应用 TPWrite、TPErase、TPReadFK 进行键值输入工件个数的搬运			
计划用时			实际用时	
组别			组长	
组员姓名				
成员任务分工				
实施场地				
所需设备（或环境）清单	请列写所需设备或环境，并记录准备情况。若列表不全，请自行增加需补充部分			
	清单列表		主要器件及辅助配件	
	机器人本体			
	机器人控制柜、示教器			
	2个搬运台			
	夹爪、吸盘			
	工件若干			
	补充：_____ _____			
成本核算	（完成任务涉及的工程成本） 所用工时：_____ 工件消耗：_____ 设备损耗：_____ 机器人系统价格（包含本体、示教器、控制柜等必需设备）：_____ ……			
实施步骤与信息记录	（任务实施过程中重要的信息记录，是撰写工程说明书和工程交接手册的主要文档资料） 例行程序编写过程：_____ 键值内容显示编写过程：_____ 主程序编程过程：_____ 调试功能实现：_____			
遇到的问题及解决方案	列写本任务完成过程中遇到的问题及解决方案，并提供纸质或电子文档			

续表

任务名称		工件个数键值输入任务		实施日期	
自我检测评分点	项目列表	自我检测要点		配分	得分
	基本素养	纪律（无迟到、早退、旷课）		10	
		安全规范操作，符合5S管理规范		10	
		团队协作能力、沟通能力		10	
	理论知识	网教平台理论知识测试		10	
	工程技能	能进行程序建立		10	
		会应用TP指令进行程序编写		10	
		会应用TEST指令进行键值内容编写		10	
		能进行程序调试		10	
		撰写实施步骤及过程记录说明书并列出问题解决方案		10	
		撰写成本核算清单，并且依据充分、合理		10	
	总评得分				
	综合评价 1. 目标完成情况 _____ _____ _____ _____ 2. 存在问题 _____ _____ _____ _____ 3. 改进方向 _____ _____ _____ _____				

任务实施记录及验收单2

任务名称	任意工件个数搬运任务		实施日期	
任务要求	要求：应用TPWrite、TPReadNum指令实现任意工件个数输入的搬运任务			
计划用时			实际用时	
组别			组长	
组员姓名				
成员任务分工				
实施场地				
课程提供搬运工作站所需硬件设备（或环境）清单	请列写所需设备或环境，并记录准备情况。若列表不全，请自行增加需补充部分			
	清单列表	主要器件及辅助配件		
	机器人本体			
	机器人控制柜、示教器			
	2个搬运台			
	夹爪、吸盘			
	工件若干			
成本核算	（搬运工作站的硬件组成工程成本） 机器人硬件：_____ 夹爪、吸盘：_____ 工件：_____ 其他辅助系统及工具：_____			
实施步骤与信息记录	（任务实施过程中重要的信息记录，是撰写工程说明书和工程交接手册的主要文档资料） 例行程序编写编写：_____ 主程序编写：_____ 调试功能实现：_____ ……			
遇到的问题及解决方案	列写本任务完成过程中遇到的问题及解决方案，并提供纸质或电子文档			

续表

任务名称		任意工件个数搬运任务		实施日期		
自我检测评分点	项目列表		自我检测要点		配分	得分
	基本素养		纪律（无迟到、早退、旷课）		10	
			安全规范操作，符合 5S 管理规范		10	
			团队协作能力、沟通能力		10	
	理论知识		网教平台理论知识测试		10	
	工程技能		能进行程序建立及调用		10	
			rtpnum 例行程序编写		10	
			工件个数输入主程序编写		10	
			程序调试及改进		10	
			撰写带参功能函数装配说明书及问题解决方案		10	
			撰写成本核算清单，并且依据充分、合理		10	
	总评得分					
	综合评价 1. 目标完成情况 2. 存在问题 3. 改进方向 					

任务拓展

拓展任务视频　跟我做-　　　拓展任务视频　跟我做-Source
线性传感器的创建　　　　　组件及 Attacher 等信号连接

在不具备真实机器人实训设备时，可用离线编程的方式验证程序。在离线编程中为仿真真实环境，需对真实环境中的传感器抓起、释放工件等动作进行仿真，Smart 组件是在 RobotStudio 仿真中实现动画效果的重要工具。通过 Smart 组件可以对任务中的机械装置、部件等进行控制，达到该机械装置或部件在任务中应该实现的功能，如流水线、吸盘工具等。本次拓展任务完成 Smart 组件线性传感器的建立、Smart 组件信号与线性传感器、复制工件、Attacher、Detacher 的连接，完成连接如图 5-6 所示。

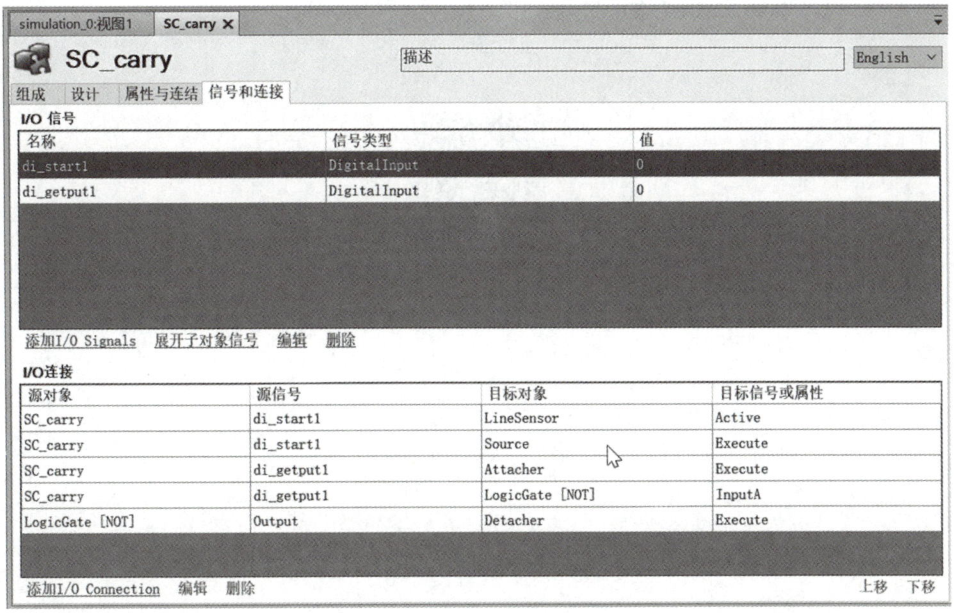

图 5-6　Smart 组件信号连接图

知识测试

1. 单选题

（1）程序：TPReadFK reg1, "More?", stEmpty, stEmpty, stEmpty, "Yes", "No";如果选择 "Yes"，则 reg1 的值为（　　）。

A. 1　　　　　　B. 2　　　　　　C. 3　　　　　　D. 4

（2）一条 TPReadFK 指令最多可以组态（　　）个功能键。

A. 2　　　　　　B. 3　　　　　　C. 4　　　　　　D. 5

（3）语句 TPReadFK reg2, "Please input num", "3", "6", "9", stEmpty, stEmpty；如果选择 "6"，则 reg2 的值为（   ）。

A. 6　　　　　　　B. 2　　　　　　　C. 3　　　　　　　D. 4

（4）使用人机交互指令（   ），可在示教盒屏幕上显示指定内容。

A. TPReadFK　　　B. ErrWrite　　　C. TPWrite　　　D. TPErase

（5）将机器人示教盒屏幕上所有显示清除的指令是（   ）。

A. TPReadFK　　　B. ErrWrite　　　C. TPWrite　　　D. TPErase

2. 判断题（正确的打"√"，错误的打"×"）

（1）如果例行程序为 TPWrite"Execution started"；TPErase；则示教器上显示"Execution started"。（   ）

（2）TPWrite 指令在示教盒屏幕上显示的字符串最长 80 个字节，屏幕每行可显示 40 个字节。（   ）

（3）人机交互系统是使操作人员参与机器人控制并与机器人进行联系的装置。（   ）

（4）交互系统实现机器人与外部环境中的设备相互联系和协调的系统。（   ）

（5）TPReadNum 指令可直接读取输入值。（   ）

任务 5　知识测试参考答案

任务 6

搬运节拍测算任务实现

课件 搬运节拍测算任务实现

1+X 证书技能要求

工业机器人应用编程职业技能等级证书（中级）		
工作领域	工作任务	技能要求
2. 工业机器人系统编程	2.4 工业机器人典型系统应用编程	2.4.3 能够根据工艺流程调整要求及程序运行结果，对多工艺流程的工业机器人系统的综合应用程序进行调整和优化
工业机器人集成应用职业技能等级证书（中级）		
工作领域	工作任务	技能要求
3. 工业机器人系统调试与优化	3.4 工作站调试与优化	3.4.1 能完成工作站的联机调试运行 3.4.2 能通过离线编程软件仿真优化工业机器人的路径，完成生产节拍的优化 3.4.3 能调整工业机器人的运动参数，完成生产工艺和节拍的优化 3.4.4 能调整工业机器人周边设备的参数，完成生产工艺和节拍的优化

任务引入

视频 节拍测算运行结果

节拍时间是设备有效生产时间与实际生产数量的比值，目前只要涉及流水线的大型甚至小型生产作业控制都对节拍参数提出了严格的要求。假设某个流水线包含 N 个子工位，其中某个工位生产所花费的时间最多，为 1 min，那么该流水线的最小节拍就是 1 min。节拍是流水线生产作业控制中的重要参数，它直接关系到订单的完成时间估算，是生产作业计划制订的重要依据。对工业机器人来说，影响其节拍的因素很多，如自身各轴速度、加速度、运动距离、点位停止精度等。本任务将测算搬运工件时机器人的节拍，为后续工业机器人的程序优化提供帮助。

任务工单

任务名称	搬运节拍测算实现		
设备清单	IRB120 机器人本体；紧凑型控制柜、示教器等；搬运台及搬运工件；电路、气源等辅助设备；导线、螺丝刀、万用表等工具	实施场地	具备条件的 ABB 机器人实训室（若无实训设备也可在装有 RobotStudio 软件的机房利用虚拟工作站完成）；配套工作站文件：model_6_1.rspag
任务目的	通过 clock 数据及相关指令的应用，掌握搬运节拍测算方法；通过 ClkReset、ClkStart、ClkStop、ClkRead 指令的应用进行节拍测算程序编写；通过功能函数建立优化程序编写；通过 robtarget 位置数据中 trans、rot 组件元素的比较完成位置判断		
任务描述	本任务需完成工件搬运的节拍测算，为后续优化程序提供依据。同时应用位置数据中 trans、rot 组件进行目标位置与当前位置的比较，判断是否在 home 位，从而决定是否执行回 home 位操作		
素质目标	培养学生节拍测算过程中的高效及成本意识；培养学生指令、程序等知识的综合应用及创新能力；培养学生程序编写过程中反复琢磨、精益求精的工匠精神；培训学生对程序初始化中位置确定的严谨认真精神		
知识目标	熟悉节拍测算的方法及意义；掌握 ClkReset、ClkStart、ClkStop、ClkRead 指令的应用方法；掌握功能函数建立方法；掌握 robtarget 位置数据中 trans、rot 组件元素的应用方法		
能力目标	会应用节拍测算进行程序优化及改进；能应用 ClkReset、ClkStart、ClkStop、ClkRead 指令完成搬运节拍测算的程序编写；能进行功能函数程序编写；会应用 robtarget 位置数据的元素进行比较完成位置判断		
验收要求	能进行节拍测算及是否在 home 位的任务，并能对程序进行优化。详见任务实施记录单和任务验收单		

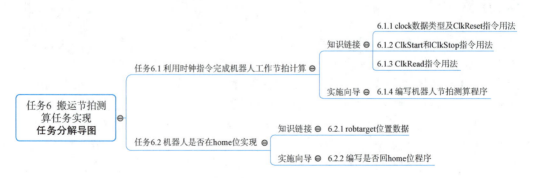

任务 6.1　利用时钟指令完成机器人工作节拍计算

知识链接

6.1.1　clock 数据类型及 ClkReset 指令用法

视频　跟我学-时钟指令及程序结构优化

ABB 机器人提供 clock 数据类型，用于时间测量，一个功能类似秒表的时钟，用于定时。新建时存储类型这一选项中为灰色，表示声明时钟时必须为 VAR 变量类型，如图 6-1 所示，并且 clock 是非值数据类型，无法用于值的运算。clock 型数据存储时间测量值，以秒计，且分辨率为 0.001 s。可存储在时钟变量中的最长时间大约为 49 天 (4 294 967 s)。

例 1：

VAR clock myclock;

ClkReset myclock;

声明和重置时钟 myclock。在使用 ClkReset、ClkStart、ClkStop 和 ClkRead 之前，必须在程序中声明一个数据类型 clock 的变量。ClkReset 指令用于重置作为定时用秒表的时钟。使用时钟之前，使用此指令，以确保时钟为 0。添加指令时在 System&Time 选项卡中查找，如果重置的时钟正在运行中，则将使其停止，然后进行重置。

图 6-1　clock 数据类型

6.1.2　ClkStart 和 ClkStop 指令用法

ClkStart 用于启动作为定时用秒表的时钟。启动时钟时，其将运行并持续读秒，直至停止。如果时钟正在运行中，可以进行读数、停止或重置。

ClkStop 用于停止作为定时用秒表的时钟。当时钟停止时，其将停止运行。如果时钟停止，可以进行读数、重启或重置。

例 2：

VAR clock clock2;	定义时钟变量 clock2
VAR num time;	定义数值型变量 time
ClkReset clock2;	重置 clock2
ClkStart clock2;	启动 clock2,开始计时
WaitUntil di1 = 1;	等待 di1 信号为 1
ClkStop clock2;	停止 clock2,计时停止
time:=ClkRead(clock2);	

这段指令的意思就是用 clock2 来记录 di1 变为 1 的时间。

6.1.3　ClkRead 指令用法

ClkRead 用于读取作为定时用秒表的时钟。其返回值为数据类型 num，将时间（以 s 计）存储在时钟中。分辨率通常为 0.001 s。如果使用 HighRes 开关，则可能获得 0.000 001 s 的分辨率。

例 1：

reg1:=ClkRead(clock1);

例 2：

reg1:=ClkRead(clock1 \HighRes);

这两个例子都是读取时钟 clock1，将时间（以 s 计）存储在变量 reg1 中，不同的是例 2 使用了 HighRes，它将以更高分辨率进行存储。具体使用方法是，在添加指令时选择 ClkRead，之后在"编辑"中选择"optional Arguments"可选参数，然后会看到 HighRes 的使用选项，单击"使用"按钮后即可以高分辨率进行存储，如图 6-2 所示。

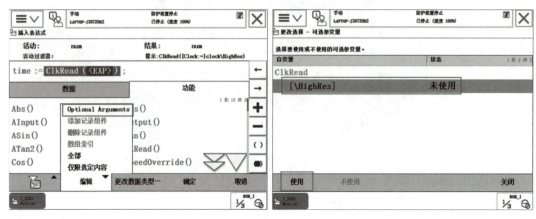

图 6-2　ClkRead 指令高分辨率设置

任务实施向导

6.1.4 编写机器人节拍测算程序

1. 建立 clock 程序数据（表 6-1）

视频 跟我做-利用计时指令完成机器人工作节拍的计算与实现

表 6-1 建立 clock 程序数据

操作步骤	操作说明	示意图
1	单击"主菜单"，选择"程序数据"，选择右侧的"clock"，单击"显示数据"按钮	
2	默认自带 clock1，可以新建其他的 clock 数据，单击"新建"并命名为"clock2"，单击"确定"按钮	
3	再建一个时间的显示数据。单击"视图"再单击"全部数据类型"，选择"num"，单击"显示数据"按钮	

续表

操作步骤	操作说明	示意图
4	单击"新建"为 num 数据类型,机器人节拍"名称"为"circletime","存储类型"选择"变量",单击"确定"按钮	

2. 编写节拍测算程序(表 6-2)

表 6-2 编写节拍测算程序

操作步骤	操作说明	示意图
1	打开主程序,在开始搬运之前,启动定时器。单击"添加指令",再单击"System&Time"模块	
2	首先复位定时器,单击"ClkReset"指令,插入 for 循环指令的上方,复位定时器,双击指令,选择"clock2",单击"确定"按钮	
3	启动定时器,单击"ClkStart"指令,参数选择"clock2",单击"确定"按钮	

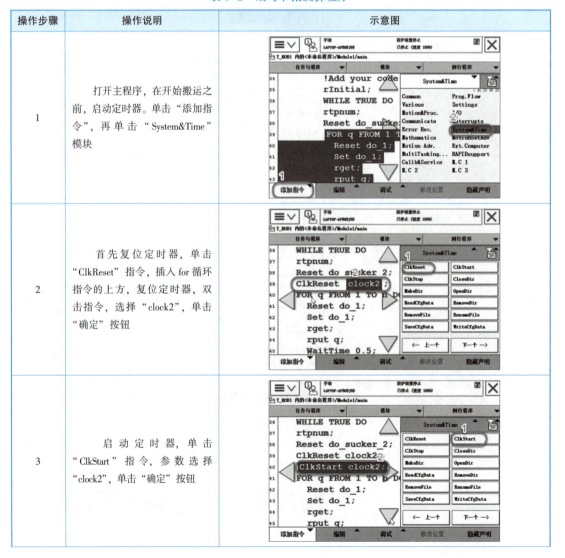

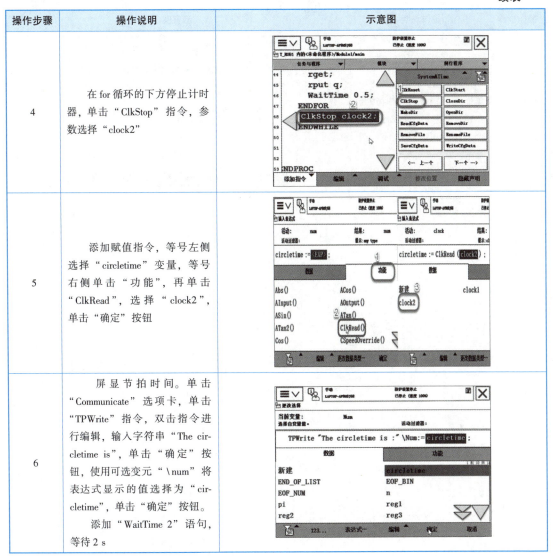

续表

操作步骤	操作说明	示意图
2	搬运完成之后，显示"The circletime is : 6.1"，单位为 s，本任务用时钟指令和屏写指令，完成搬运一个工件所用时间的计算与显示	T_ROB1->How many workpieces do you want to carry ? -> 2 T_ROB1->The num is :2 T_ROB1->How many workpieces do you want to carry ? -> 1 T_ROB1->The num is :1 T_ROB1->The circletime is :6.1

任务 6.2　机器人是否在 home 位实现

6.2.1　robtarget 位置数据

robtarget 数据用于存储机器人和附加轴的位置数据。位置数据是在运动指令中机器人和外轴将要移动到的位置。它有 4 个组件，分别是 trans 工具中心点的位置、rot 工具姿态（以四元数的形式——q1、q2、q3 和 q4——表示）、robconf 机械臂的轴配置（cf1、cf4、cf6 和 cfx）、extax 附加轴的位置，如图 6-3 所示。

例 1：
CONST robtarget p15:=[[600,500,225.3],[1,0,0,0],[1,1,0,0],
[11,12.3,9E9,9E9,9E9,9E9]];

组件	描述
trans	translation 数据类型：pos 工具中心点的所在位置（x、y 和 z），单位为 mm。 存储当前工具中心点在当前工件坐标系的位置。 如果未指定任何工件坐标系，则当前工件坐标系为大地坐标系
rot	rotation 数据类型：orient 工具姿态，以四元数的形式（q1、q2、q3 和 q4）表示。 存储相对于当前工件坐标系方向的工具姿态。 如果未指定任何工件坐标系，则当前工件坐标系为大地坐标系
robconf	robot configuration 数据类型：confdata 机械臂的轴配置（cf1、cf4、cf6 和 cfx）。以轴 1、轴 4 和轴 6 当前 1/4 旋转的形式进行定义。 将第一个正 1/4 旋转 0~90° 定义为 0。组件 cfx 的含义取决于机械臂类型
extax	external axes 数据类型：extjoint 附加轴的位置 对于旋转轴，其位置定义为从校准位置起旋转的度数。 对于线性轴，其位置定义为与校准位置的距离（mm）

图 6-3　robtarget 位置数据组件

由 4 个中括号组成，分别为其 4 个组件，定义如下。

机械臂的位置：在目标坐标系中，$x = 600$ mm、$y = 500$ mm 和 $z = 225.3$ mm。与目标坐标系方向相同的工具方位，机械臂的轴配置：轴 1 和轴 4 位于 90°~180°，轴 6 位于 0°~90°。附加逻辑轴 a 和 b 的位置以度或毫米表示（根据轴的类型），未定义轴 c 到轴 f。

在判断机器人是否在 home 位时，需要将当前位置与 home 位的 robtarget 数据中的 trans

与 rot 数据进行比较，根据比较结果确定是否执行回 home 位指令。位置数据 robtarget 的 trans 和 rot 组件有 x、y、z、q1、q2、q3、q4 共 7 个元素，判断两个位置是否是同一位置时需要每个元素进行相应比较，可用定义的数值型变量 counter 来判断位置数据 7 个元素的比较结果是否都进行了加 1，如果最后 counter 等于 7，则说明在目标位置；否则超出范围不在目标位置，如图 6-4 所示。

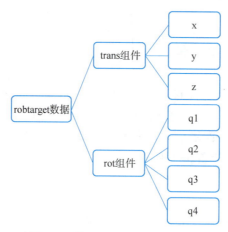

图 6-4　是否在 home 位判断元素

任务实施向导

6.2.2　编写是否回 home 位程序

视频　跟我做-机器人　　　　　视频　跟我做-机器人
是否在 home 位实现 1　　　　是否在 home 位实现 2

1. 建立功能函数（表 6-4）

表 6-4　建立功能函数

操作步骤	操作说明	示意图
1	单击"文件"，再单击"新建例行程序"，输入"名称"为"factualpos"，"类型"选择为"功能"，单击"确定"按钮。单击"参数"后的"…"按钮，添加参数，需添加两个参数，一是目标点位置，另一个是当前位置	

续表

操作步骤	操作说明	示意图
2	单击"添加"→"添加参数",输入"名称"为"targetpos",单击"确定"按钮。需添加 robtarget 数据类型,单击"数据类型",选择"robtarget"	
3	用同样方法再添加一个参数,单击"添加"→"添加参数","名称"输入"tcp",单击"确定"按钮,修改数据类型为"tooldata",单击"确定"按钮。单击"模式"将其修改为"InOut"类型,单击"确定"按钮	
4	此功能函数的返回值应该是一个布尔量,判断位置是否在 home 位或者目标点,结果为"在"或者"不在",其返回值是布尔量,单击"数据类型"后面的"…"按钮,选择"bool",单击"确定"按钮	

2. 编写功能函数(表 6-5)

表 6-5 编写功能函数

操作步骤	操作说明	示意图
1	读取机器人的当前位置,单击"添加指令",单击":="赋值指令。等号左侧建一个位置类型的可变量,单击"更改数据类型",选择"robtarget",单击"确定"按钮。单击"新建",输入"名称"为"ActualPos","存储类型"为"变量","范围"仅用于位置判断这个功能函数当中,"例行程序"选择刚才建立的功能函数"factualpos",单击"确定"按钮	

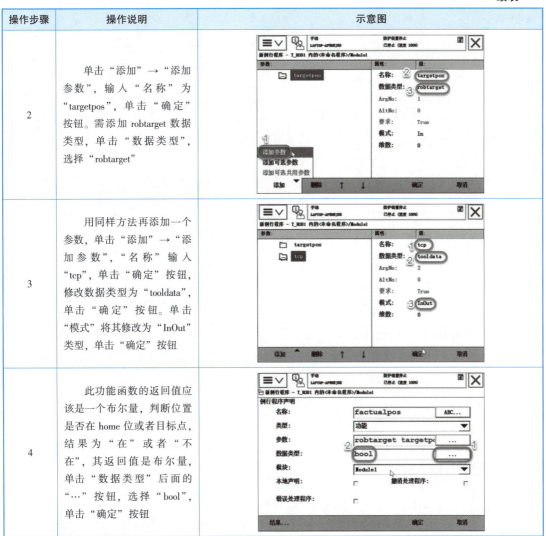

145

续表

操作步骤	操作说明	示意图
2	等号右侧为读取当前位置值，单击"功能"，选择"CRobT"，读取当前位置功能函数	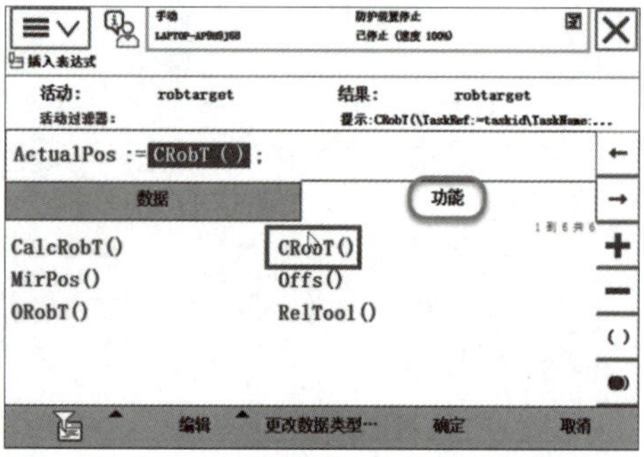
3	需要有工具和工件数据，单击"编辑"→"Optional Arguments"，把工具和工件都选择使用，单击"关闭"	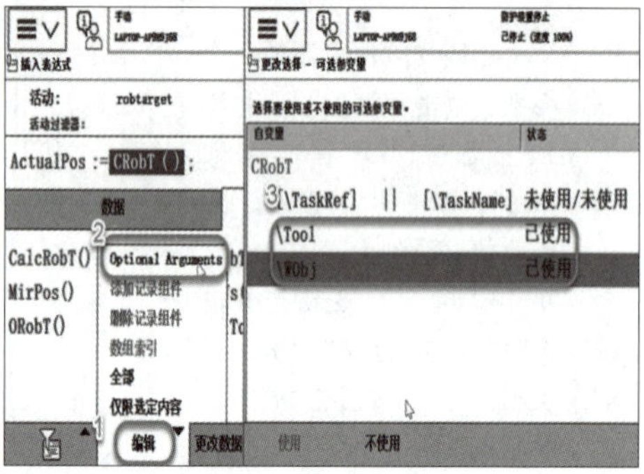
4	回 home 位工具为"tool0"，工件为"wobj0"，单击"确定"按钮	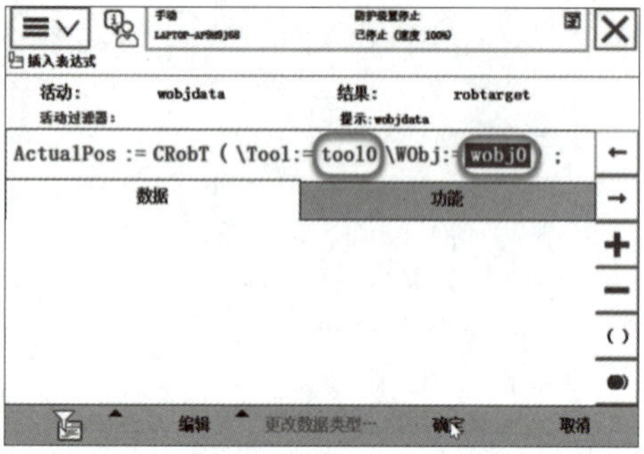

3. 编写 trans、rot 组件比较程序（表 6-6）

表 6-6　编写 trans、rot 组件比较程序

操作步骤	操作说明	示意图
1	单击"添加指令"，单击"Compact IF"，插入下方	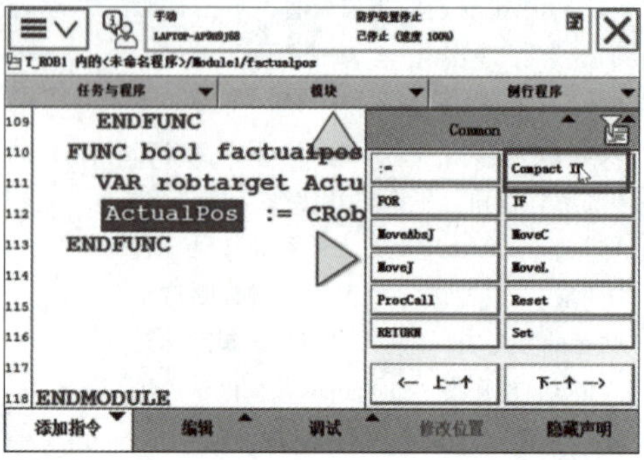

任务 6　搬运节拍测算任务实现

续表

操作步骤	操作说明	示意图
2	双击 IF 表达式，单击"更改数据类型"，选择"robtarget"，单击"确定"按钮。单击刚才新建的位置数据"ActualPos"	
3	单击"编辑"→"添加记录组件"，出现 trans 组件	
4	单击"trans"，再单击"编辑"→"添加记录组件"，单击"x"，将实际位置的元素 x 与目标点进行比较。单击右侧"➕"添加符号	
5	假如是±20 的范围就认定到达 home 位。单击">"，参数输入"targetpos"，即功能函数传递过来的参数，单击"编辑"→"添加记录组件"，再单击"trans"	

147

续表

操作步骤	操作说明	示意图
6	选中 trans，单击"编辑"→"添加记录组件"，单击"x"，再单击右侧"➕"，选择"-"，参数输入"20"	
7	单击右侧"➕"，选择"AND"，重复刚才的步骤，更改数据类型，找到"ActualPos"，添加"trans"组件、添加记录组件"x"	
8	单击"<"，输入"targetpos"，添加组件"trans.x"元素，单击右侧"➕"，输入"+20"后，单击"确定"按钮，表达式完成	
9	每次比较后让一个变量加1。单击添加赋值指令":="，左侧新建一个变量，单击"更改数据类型"，选择"num"，命名为"counter"，存储类型为变量，例行程序范围为应用在功能函数"factualpos"中，单击"确定"按钮。等号右侧输入"conter +1"后单击"确定"按钮，x元素的IF语句完成	

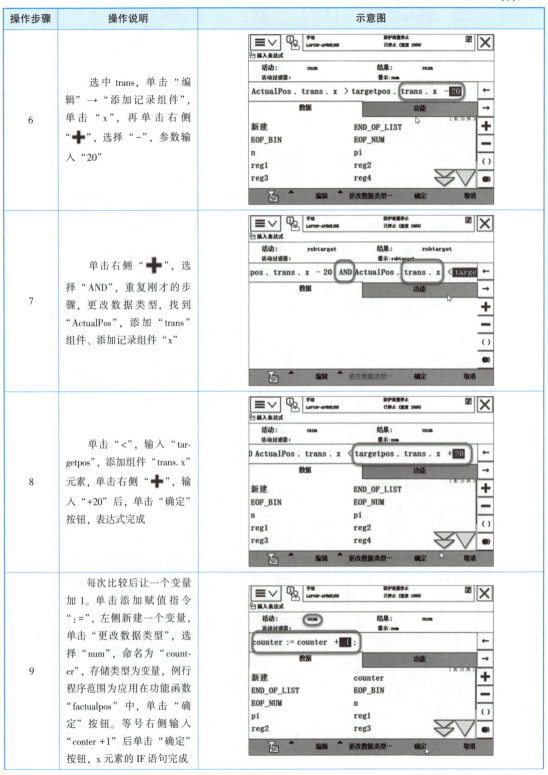

148

续表

操作步骤	操作说明	示意图
10	y、z 元素的判断方式与 x 相同。单击"编辑",选中语句,单击"复制"、"粘贴",把第二条指令所有的 x 改成 y,单击"确定"按钮。第 3 条语句,将 x 值改成 z,trans 组件的判断完成	
11	用同样的方式完成 rot 组件元素比较。把"trans"改成"rot",表示当前工具的姿态,组件改为"rot.q1",目标点也改为"rot.q1",单击"确定"按钮	
12	复制并粘贴本条指令。第二条将"q1"改成"q2",单击"确定"按钮,第三条将"q1"改成"q3",单击"确定"按钮,第四条将"q1"改成"q4",单击"确定"按钮,rot 比较完成	
13	经过 7 次比较后,返回 counter 值,单击"添加指令",再单击"RETURN",单击":="添加赋值指令	

续表

操作步骤	操作说明	示意图
14	等号左侧单击"更改数据类型",单击"num",单击新建的"conter",右侧输入"7"。一定范围之内,如果等式成立返回的值是1,否则等式不成立,不等于7时返回0。功能函数编写完成	

4. 编写位置判断例行程序并运行(表 6-7)

表 6-7 编写位置判断例行程序并运行

操作步骤	操作说明	示意图
1	添加判断位置的例行程序,单击"文件",单击"新建例行程序",输入"名称"为"rCheckhome",单击"确定"按钮	
2	单击"添加指令",单击"IF",判断功能函数是否成立,单击"功能",选择"factualpos()"	
3	此函数比较目标点为"home"点,所用的工具为"tool0",单击"确定"按钮,如果条件满足,表示在当前位置,返回 true	

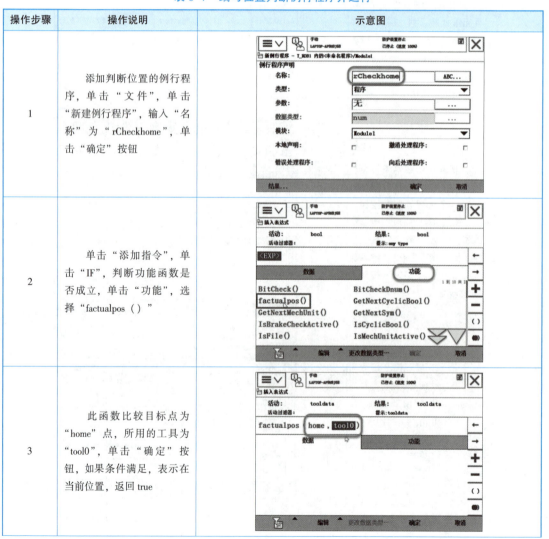

续表

操作步骤	操作说明	示意图
4	在IF语句中添加屏显指令，返回TRUE，表示在home位，单击"添加指令"，单击"TPWrite"，输入"The robot is in home position"，单击"确定"按钮	
5	选中IF并双击，单击"添加ELSE"，单击"确定"按钮，添加不在home位时的程序	
6	单击"添加指令"，再单击"TPWrite"，输入"The robot is not in home position, Please ececute gohome"，单击"确定"按钮	
7	单击"添加指令"，单击"MoveJ"，参数选择"home"点。检测所用工具坐标"tool0"。添加时间等待指令"WaitTime 2"。添加"TPErase"指令，完成清屏	

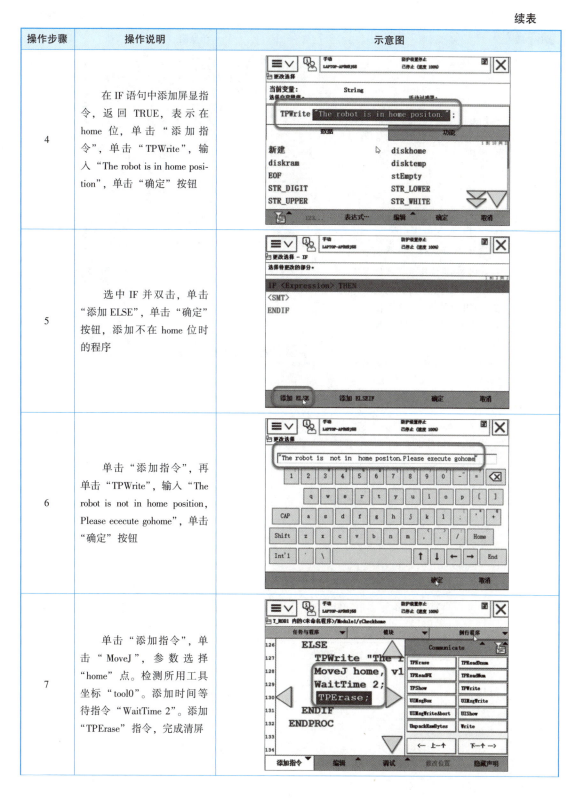

续表

操作步骤	操作说明	示意图
8	手动将机器人调离 home 点，选中机器人右击，单击"机械装置手动关节"，调整位置	
9	机器人上电，单击" ▶ "，程序运行。机器人执行回 home 位指令，并且屏显相应信息，程序调试完成。调用功能函数，实现位置点判断，整个程序编程完成	

任务实施记录及验收单 1

任务名称	应用时钟指令完成工业机器人节拍测算		实施日期	
任务要求	要求：应用 ClkReset、ClkStart、ClkStop、ClkRead 指令完成机器人搬运节拍测算及程序调试			
计划用时			实际用时	
组别			组长	
组员姓名				
成员任务分工				
实施场地				
所需设备（或环境）清单	请列写所需设备或环境，并记录准备情况。若列表不全，请自行增加需补充部分 	清单列表	主要器件及辅助配件
---	---
机器人硬件	
搬运台	
夹爪、吸盘	
工件	| 补充： _____ _____			
成本核算	（完成任务涉及的工程成本） 所用工时：_____ 工件消耗：_____ 设备损耗：_____ 机器人系统价格（包含本体、示教器、控制柜等必需设备）：_____ ……			
实施步骤与信息记录	（任务实施过程中重要的信息记录，是撰写工程说明书和工程交接手册的主要文档资料） Clock 程序数据建立过程：_____ 节拍测算程序编写过程：_____ 主程序编程过程：_____			
遇到的问题及解决方案	列写本任务完成过程中遇到的问题及解决方案，并提供纸质或电子文档			

续表

任务名称		应用时钟指令完成工业机器人节拍测算		实施日期	
自我检测评分点	项目列表	自我检测要点		配分	得分
	基本素养	纪律（无迟到、早退、旷课）		10	
		安全规范操作，符合5S管理规范		10	
		团队协作能力、沟通能力		10	
	理论知识	网教平台理论知识测试		10	
	工程技能	能进行程序建立		10	
		会应用clock程序数据		10	
		会应用clk指令进行节拍测算程序编写		10	
		能进行程序优化调试		10	
		撰写实施步骤及过程记录说明书并列出问题解决方案		10	
		撰写成本核算清单，并且依据充分、合理		10	
	总评得分				
	综合评价 1. 目标完成情况 _____ _____ _____ _____ _____ 2. 存在问题 _____ _____ _____ _____ 3. 改进方向 _____ _____ _____ _____ _____				

任务实施记录及验收单 2

任务名称	机器人是否在 home 位任务		实施日期	
任务要求	要求：应用 robtarget 位置数据的组件进行位置判断，如果不在 home 位则执行回 home 位指令			
计划用时			实际用时	
组别			组长	
组员姓名				
成员任务分工				
实施场地				
课程提供搬运工作站所需硬件设备（或环境）清单	请列写所需设备或环境，并记录准备情况。若列表不全，请自行增加需补充部分 清单列表 | 主要器件及辅助配件 机器人本体 | 示教器、控制柜 |			
成本核算	（搬运工作站的硬件组成工程成本） 机器人本体：_____ 示教器、控制柜等：_____ 其他辅助系统及工具：_____			
实施步骤与信息记录	（任务实施过程中重要的信息记录，是撰写工程说明书和工程交接手册的主要文档资料） 带参功能函数编写：_____ 功能函数应用：_____ trans、rot 组件比较程序：_____ 位置判断例行程序及调试：_____ ……			
遇到的问题及解决方案	列写本任务完成过程中遇到的问题及解决方案，并提供纸质或电子文档			

续表

任务名称		机器人是否在 home 位任务		实施日期	
自我检测评分点	项目列表		自我检测要点	配分	得分
	基本素养		纪律（无迟到、早退、旷课）	10	
			安全规范操作，符合 5S 管理规范	10	
			团队协作能力、沟通能力	10	
	理论知识		网教平台理论知识测试	10	
	工程技能		功能函数建立	10	
			功能函数编写	10	
			trans、rot 组件比较程序	10	
			位置判断例行程序编写及运行	10	
			撰写实施步骤及过程记录说明书并列出问题解决方案	10	
			撰写成本核算清单，并且依据充分、合理	10	
	总评得分				
	综合评价 1. 目标完成情况 2. 存在问题 3. 改进方向				

任务拓展

Smart 组件是在 RobotStudio 仿真中实现动画效果的重要工具。通过 Smart 组件可以对任务中的机械装置、部件等进行控制,达到该机械装置或部件在任务中应该实现的功能,如流水线、吸盘工具等(图 6-5)。本次拓展任务完成工业机器人 I/O 信号与 Smart 组件信号的连接,创建工业机器人信号 do_1 与 Smart 组件信号 di_start1 的连接,工业机器人信号 do_sucker_2 与 Smart 组件信号 di_getput1 的连接。

拓展任务视频　跟我做-
工作站信号逻辑连接

图 6-5　工业机器人信号与 Smart 组件信号连接

知识测试

1. 单选题

(1) ABB 机器人时钟变量中的存储最长时间大约为(　　)。
A. 20 天　　　B. 49 天　　　C. 60 天　　　D. 365 天

(2) ABB 机器人的时钟最高分辨率为(　　)。
A. 1 秒　　　B. 0.001 秒　　　C. 0.000 001 秒　　　D. 10 秒

(3) 位置数据(robotarget)的作用域不包括(　　)。
A. 全局　　　B. 本地　　　C. 任务　　　D. 指令

(4) 位置数据(robotarget)的存储类型不包括(　　)。
A. 常量　　　B. 变量　　　C. 可变量　　　D. 数字量

(5) 通常机器人示教编程时,要求最初程序点和最终程序点的位置(　　),可提高工作效率。
A. 相同　　　B. 不同　　　C. 无所谓　　　D. 分离越大越好

2. 判断题(正确的打"√",错误的打"×")

(1) ClkReset 用于重置作为定时用秒表的时钟,在使用时钟之前,必须使用此指令,以确保设置为 0。(　　)

(2) clock 时钟的分辨率一定是 0.001 秒。(   )

(3) reg1：=ClkRead（clock1）；该语句用于读取时钟 clock1，并将时间（以秒计）储存在变量 reg1 中。(   )

(4) 机器人目标点 robtarget 包含 TCP 位置和姿态、轴配置和外部轴 4 组数据。(   )

(5) 工作结束时，需操作机器人回到工作原点或安全位置。(   )

任务 6　知识测试参考答案

任务 7

异常工况处理任务实现

 1+X 证书技能要求

工业机器人应用编程证书技能要求（中级）		
工作领域	工作任务	技能要求
2. 工业机器人系统编程	2.2 工业机器人高级编程	2.2.2 能够根据工作任务要求进行中断、触发程序的编制
工业机器人集成应用（中级）		
工作领域	工作任务	技能要求
2. 工业机器人系统程序开发	2.2 工业机器人典型工作任务示教编程	2.2.1 能熟练调用工业机器人中断程序 2.2.2 能正确使用动作触发指令

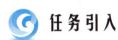 **任务引入**

在实际工程应用中，生产现场往往存在一些可以预知的需要紧急处理的情况，或者一些可以预知的安全隐患，机器人必须做好这些预案。一旦这些预知的情况突然出现，机器人就可以按预案执行，排除安全隐患。例如，在机器人工作期间，其工作区域是严禁人员进出的，所以用安全栅将工作区域隔离，一旦有人打开安全栅的门，机器人必须停下来，确保人员不受伤害。此时就需要进行中断触发程序的编写以及中断处理程序的编写。

课件 异常工况处理任务实现

视频 安全门监控演示

任务工单

任务名称	异常工况处理任务实现		
设备清单	IRB120 机器人本体；ICR5 控制柜、示教器等；夹爪或吸盘工具；电路、气源等辅助设备；光电传感器、磁性开关等；导线、螺丝刀、万用表等工具；其他配套辅助设备	实施场地	具备条件的 ABB 机器人实训室（若无实训设备也可在装有 RobotStudio 软件的机房利用虚拟工作站完成）；配套工作站文件：7-1interrupt_model
任务目的	理解中断的定义及应用场合；会创建中断事件，编写中断程序；会使用 IDelete、CONNECT、ISignalDI 等指令进行中断启用与关联；会使用 ISignalDI 连接异常信号触发中断；会排除程序调试过程中出现的报警和故障		
任务描述	本任务要求在虚拟工作站中，自建一个 DI 信号模拟安全门安全锁信号，当该信号一旦消失（或出现，取决于该信号接入机器人的是常开触点还是常闭触点），相当于安全锁被打开，机器人要停止运行。等待信号恢复正常后，机器人继续执行原来的工作任务。编写程序，模拟调试完成任务 在真机工作站中，利用现场安装的传感器信号，完成同样的任务要求		
素质目标	通过对安全信号进行监控，培养学生安全规范、遵章守则意识；通过安全门打开机器人停止运动现象，培养学生主动探究新知的意识；通过对 ISignalDI 指令变元 single 的使用，培养学生严谨规范、安全规范的工匠精神；通过 CONNECT、IDelete 等指令的使用，培养学生规则意识		
知识目标	掌握中断的概念及中断使用方法；熟练掌握 IEnable、IDisable 指令的使用方法；熟练掌握 CONNECT、IDelete 的使用方法；熟练掌握 ISignalDI、ISignalDO 指令格式和使用方法		
能力目标	会编写中断处理程序；会编写中断触发程序；会编写安全门信号异常监控处理程序；能排除程序调试过程中出现的错误		
验收要求	在真实机器人工作站或课程提供的仿真工作站中，完成异常工况处理任务。具体要求详见任务实施记录单和任务验收单		

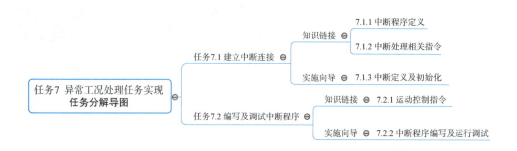

任务 7.1 建立中断连接

7.1.1 中断程序定义

中断是指计算机处理程序运行中出现的突发事件的整个过程。其工作示意图如图 7-1 所示。

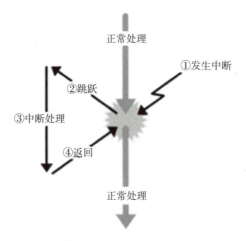

图 7-1 中断执行程序示意图

视频　跟我学-
中断 TRAP
相关编程指令

在工业机器人 RAPID 程序的执行过程中，如果发生需要紧急处理的情况，即中断触发信号出现，需要机器人中断当前程序的执行，程序指针 PP 马上跳转到专门的中断处理程序中对紧急情况进行相应的处理，结束以后，程序指针 PP 返回到原来被中断的地方，继续往下执行程序。这个用来处理紧急情况的专门程序，就是中断程序（TRAP）。而触发中断的信号为中断触发信号。中断程序与普通程序声明的方式是相同的，程序类型选择中断即可。

中断的使用分为两个部分：一部分是中断处理程序的声明，即中断所执行的动作；另一部分是中断的定义，即在运行程序中将中断触发条件关联到中断程序并启用。当中断条件为真时，启用相应的中断程序。

中断程序经常会用于出错处理、外部信号的响应等实时响应要求高的场合。

7.1.2 中断处理相关指令

中断信号所需的数据类型为 intnum，即中断识别号，用于识别一次中断。intnum 型变量同软中断程序相联时，给出识别中断的特定值，随后，在处理中断的过程中使用该变量。注意：在声明该变量时，必须始终在模块中声明 intnum 型变量为全局变量。可将多个中断识别号与相同的软中断程序相联。

系统支持的中断指令很多，可以使用多种方式触发和管理中断。中断指令及其功能如表 7-1 所示。

表 7-1 中断相关指令及功能

序号	指令名称	功能类型	指令功能
1	CONNECT	连接中断	连接变量（中断识别号）与软中断程序
2	ISignalDI	触发中断	数字输入信号触发中断
3	ISignalDO		数字输出信号触发中断
4	ISignalGI		组输入信号触发中断
5	ISignalGO		组输出信号触发中断
6	ISignalAI		模拟输入信号触发中断
7	ISignalAO		模拟输出信号触发中断
8	ITimer		定时中断
9	TriggInt		固定位置触发中断
10	IPers		变更永久数据对象时触发中断
11	IError		出现错误时下达中断指令并启用中断
12	IRMQMessage		RMQ 收到指定数据类型时中断
13	IDelete	中断管理	取消（删除）中断
14	ISleep		使个别中断失效
15	IWatch		使个别中断生效
16	IDisable		禁用所有中断
17	IEnable		启用所有中断
18	GetTrapData	中断状态	用于软中断程序，获取被执行中断所有信息
19	ReadErrData		用于软中断程序，以获取导致软中断程序被执行的错误、状态变化或警告的数值信息

1. IDelete 取消中断指令

IDelete 用于取消中断预定。如果中断仅临时禁用，则应当使用指令 ISleep 或 IDisable。

例 1：

IDelete intno1;intno1 为 intnum 类型的中断识别号

2. CONNECT 中断连接指令

CONNECT 用于发现中断识别号，并将其与软中断程序相连。

例 2：

VAR intnum intno1; //新建 intnum 型的中断识别号
PROC rInitial()
    MoveJ home, v1000, z50, TCPAir\WObj:=wobj0;
    IDelete intno1; //取消 intno1 的中断连接
    CONNECT intno1 WITH tMonitorDI2;
    //将中断识别号 intno1 与中断程序 tMonitorDI2 建立连接

```
    ISignalDI di_2,0,intno1;//di_2 信号变为 0 时触发 intno1 连接的中断
ENDPROC
```

3. ISignalDI 数字输入信号触发中断

中断的下达指令，即中断的触发信号。ISignalDI 用于启用数字输入信号触发的中断指令。

例 3：

```
ISignalDI di1,1,intno1;
```

例 4：

```
ISignalDI \single,di1,1,intno1;
```

例 4 中的指令与例 3 唯一不同的是增加了"\single"可选变元，single 参数的意义是只捕捉第一次信号改变，即仅第一次信号发生变化时触发中断。例 3 中如果不加可变元 single，则表示每次 di1 由 0 变为 1 时都会触发中断，在实际应用中需要根据具体任务要求合理设置可选变元参数。

任务实施向导

7.1.3 中断定义及初始化

视频 跟我做-中断程序定义及初始化 视频 跟我做-中断指令应用 2

中断程序的定义及初始化具体操作步骤如表 7-2 所示。

表 7-2 中断程序的定义及初始化具体操作步骤

操作步骤	操作说明	示意图
1	如果在机器人实训室，可按操作步骤直接操作。如果不具备真机实训条件，可解压提供的工作站 7-1interrupt_model，之后按操作步骤操作。首先在示教器中单击"程序数据"	
2	单击"程序数据"窗口右下角"视图"→"全部数据类型"，打开"全部数据类型"窗口	

续表

操作步骤	操作说明	示意图
3	找到"intnum"数据类型，双击打开，单击"新建…"	
4	新建intno1，单击"…"按钮更改数据名称，"范围"选择默认的"全局"，"存储类型"为"变量"，完成后单击"确定"按钮退出	
5	创建初始化例行程序。在主菜单中，单击"程序编辑器"打开程序编辑。单击右上角的"例行程序"，打开例行程序窗口。单击左下角的"文件"→"新建例行程序"。打开新建例行程序窗口。单击"ABC…"按钮将例行程序"名称"更改为"rInitial"，单击"确定"按钮完成初始化例行程序的创建	
6	创建中断程序。在例行程序窗口，再次单击左下角的"文件"→"新建例行程序"，打开新建例行程序窗口，此时更改"数据类型"为"中断"。单击"ABC…"按钮将中断程序"名称"修改为"tMonitorDI2"，完成后单击"确定"按钮返回例行程序窗口	

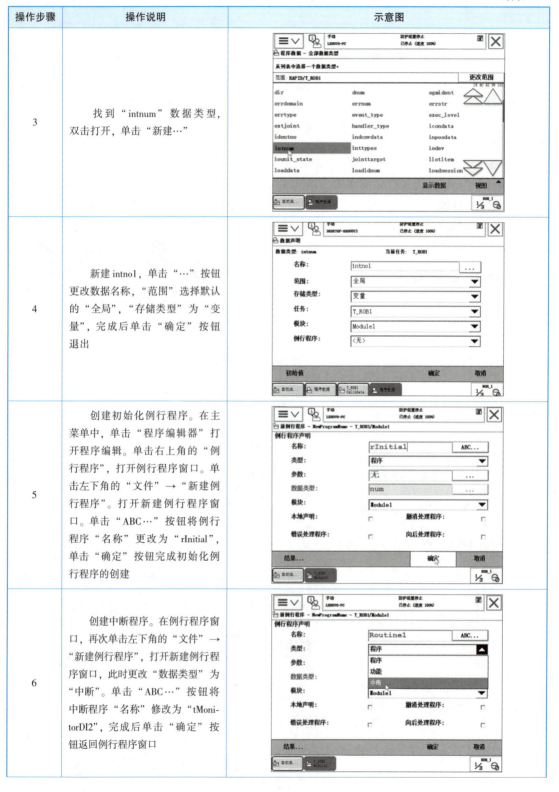

续表

操作步骤	操作说明	示意图
7	在例行程序窗口，双击打开 rInitial 例行程序，单击左下角"添加指令"，单击"Common"旁的上三角图标，打开指令分类窗口。单击"Interrupts"过滤出相关中断指令	
8	单击选择 IDelete，取消中断标识符 intno1 的所有连接。完成后单击"确定"按钮	
9	添加 CONNECT 指令。通过 CONNECT 指令将中断事件标识符 intno1 与 tMonitorDI2 中断程序进行连接	
10	添加中断触发方式 ISignalDI，当 di_2 由 1 变为 0 时触发中断。默认添加了可选变元 Single，即此中断仅响应一次，di_2 信号由 1 变为 0。如果需要每次变化都触发中断，则需去掉 Single 可选变元参数	

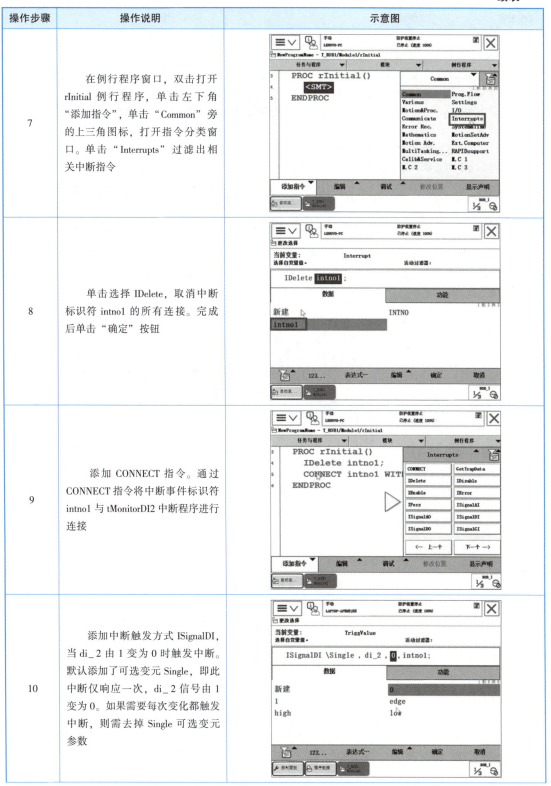

续表

操作步骤	操作说明	示意图
11	去掉 Single 可选变元。用鼠标单击程序编辑器中的 ISignalDI，打开更改选择窗口，单击选择右下角位置的"可选变量"，出现右图所示窗口，选择"Single"，单击"不使用"，并单击"关闭"，确定返回程序编辑窗口。可以看到已删除可选变元 Single	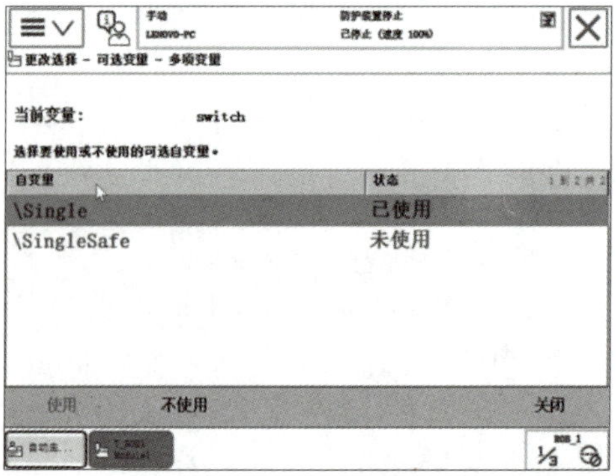
12	完善初始化程序，在程序开始增加回 home 点的指令	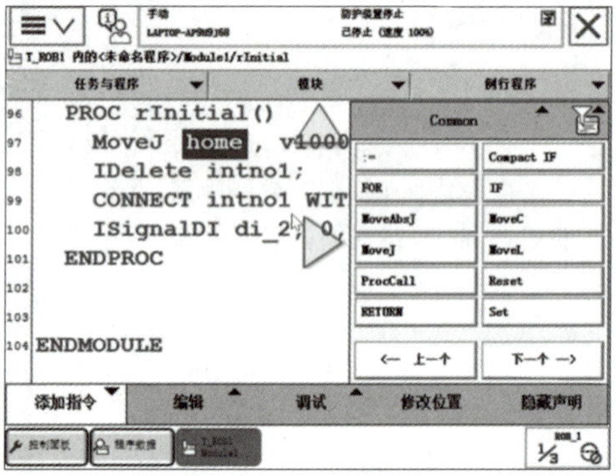

任务7.2　编写及调试中断程序

7.2.1　运动控制指令

ABB 工业机器人运动控制指令包括 StopMove、StorePath、RestoPath、StartMove 等。

1. StopMove 指令

用于停止机械臂和外轴的移动以及暂时随附的过程。

StopMove [Quick] [AllMotionTasks]

可选参数 Quick 尽快停止本路径上的机械臂。在没有可选参数 "\Quick"的情况下，机械臂在路径上停止，但是制动距离更长（与普通程序停止相同）。

可选参数 AllMotionTasks 用于停止系统中所有机械单元的移动。

2. StartMove 指令

在停止移动之后，StartMove 用于恢复工业机器人及外部轴的运动。

示例

StopMove;
WaitDI di1 ,1;
StartMove;

当 di1 为 1 时，机械臂再次开始移动。

3. StorePath 指令

用于储存执行中的移动路径，以供随后使用。例如，当出现错误或中断时，错误处理器或软中断程序可开始新的临时移动，最后再重启先前保存的原始移动。

4. RestoPath 指令

用于恢复在使用指令 StorePath 的前一阶段所储存的路径。本指令仅可用于主任务 T_ROB1，或者如果在 MultiMove 系统中，则可用于运动任务中。

5. CRobT 函数

用于读取机械臂和外轴的当前位置。该函数返回 robtarget 值以及位置（x，y，z）、方位（q1，…，q4）、机械臂轴配置和外轴位置。如果仅读取机械臂 TCP（pos）的 x、y 和 z 值，则使用函数 CPos。

示例

TRAP machine_ready
VAR robtarget p1;
StorePath;//发生中断时存储机器人运动的当前路径
p1:= CRobT();//存储机器人当前位置数据
MoveL p100,v100,fine,tool1;//机器人执行其他指令

...
MoveL p1,v100,fine,tool1; //机器人回到触发中断时的位置点
RestoPath;//恢复之前所存储的路径
StartMove;//沿之前路径继续移动
ENDTRAP

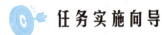

7.2.2 中断程序编写及运行调试

视频 跟我做-
安全信号监控实现

在机器人工作期间,其工作区域是严禁人员进出的,所以用安全栅将工作区域隔离。一旦有人打开安全栅的门,机器人必须停下来,确保人员不受伤害。安全栅门关闭后,机器人继续运行。安全门的安全锁触发中断,中断程序的编写及调试操作步骤如表 7-3 所示。

表 7-3 安全锁触发中断的程序编写及调试操作步骤

操作步骤	操作说明	示意图
1	打开任务 7.1.3 小节新建的中断例行程序 tMonitorDI2,单击左下角的"添加指令",单击选择"Motion Adv."指令分类,通过"下一个"按钮或"上一个"按钮找到 StopMove,单击添加该指令。或者通过指令过滤器直接搜索	
2	添加等待安全锁信号为 1 的指令 WaitDI,此指令在"I/O"分类下,或者通过指令过滤器直接搜索 WaitDI 添加	

续表

操作步骤	操作说明	示意图
3	用上述同样的方法添加恢复机器人运动指令 StartMove	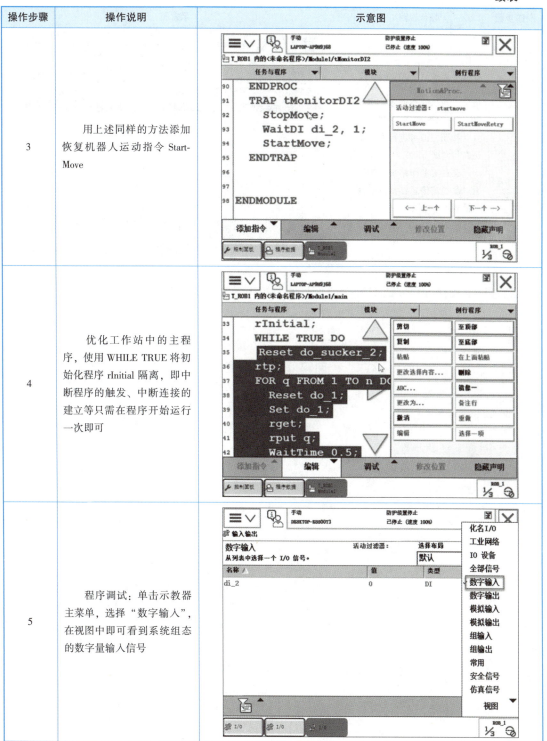
4	优化工作站中的主程序,使用 WHILE TRUE 将初始化程序 rInitial 隔离,即中断程序的触发、中断连接的建立等只需在程序开始运行一次即可	
5	程序调试:单击示教器主菜单,选择"数字输入",在视图中即可看到系统组态的数字量输入信号	

续表

操作步骤	操作说明	示意图
6	选中要仿真的"di_2"信号，则示教器下方会出现"0"、"1"以及"消除仿真"按钮，即可进行程序的仿真与调试。 在真实工作站中，则可通过改变该传感器检测的实际信号进行调试	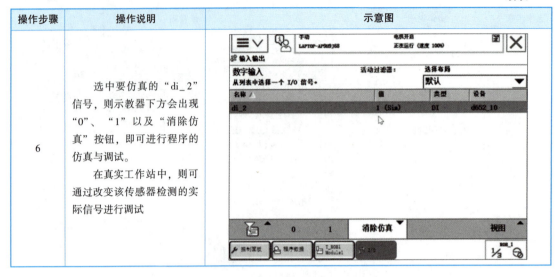

通过以上操作即可完成对安全门信号的监控等异常工况任务的处理。

任务实施记录及验收单

任务名称	异常工况处理任务实现		实施日期	
任务要求	在实际工程应用中，生产现场往往存在一些可以预知的需要紧急处理的情况，或者一些可以预知的安全隐患，机器人必须做好这些预案。一旦这些预知的情况突然出现，机器人就可以按预案执行，排除安全隐患。如在机器人工作期间，其工作区域是严禁人员进出的，所以用安全栅将工作区域隔离，而一旦有人打开安全栅的门，机器人必须停下来，确保人员不受伤害。 本任务要求在虚拟工作站中，自建一个 DI 信号模拟安全门安全锁信号，当该信号一旦消失（或出现，取决于该信号接入机器人的是常开触点还是常闭触点），相当于安全锁被打开，机器人要停止运行。待信号恢复正常后，机器人继续执行原来的工作任务。编写程序，模拟调试完成任务。 在真机工作站中，利用现场安装的传感器信号，完成同样的任务要求			
计划用时			实际用时	
组别			组长	
组员姓名				
成员任务分工				
实施场地				
仿真工作站中实施步骤与信息记录	（任务实施过程中重要的信息记录，是撰写工程说明书和工程交接手册的主要文档资料。可另附纸张） 1. 创建监控信号 _____ 2. 创建中断事件 _____ 3. 创建中断程序 _____ 4. 建立中断事件与中断程序的关联 _____ 5. 启用中断触发信号 _____ 6. 调试运行遇到的问题及解决办法 _____			
真机实操实施步骤与信息记录	（任务实施过程中重要的信息记录，是撰写工程说明书和工程交接手册的主要文档资料。可另附纸张） 1. 创建监控信号 _____ 2. 创建中断事件 _____ 3. 创建中断程序 _____ 4. 建立中断事件与中断程序的关联 _____ 5. 启用中断触发信号 _____ 6. 调试运行遇到的问题及解决办法 _____			

续表

任务名称		异常工况处理任务实现		实施日期		
任务评价检测评分点	项目列表		自我检测要点		配分	得分
	职业素养		纪律（无迟到、早退、旷课）		10	
			安全规范操作，符合5S管理规范		10	
			团队协作能力、沟通能力		10	
	理论知识		网教平台理论知识测试		10	
	工程技能	虚拟仿真	安全监控信号组态正确		5	
			中断事件和中断程序创建正确		5	
			中断事件和中断程序关联正确		5	
			中断信号触发设置正确		5	
		真机实操	安全监控信号组态正确		5	
			中断事件创建正确		5	
			中断程序创建正确		5	
			中断事件和中断程序关联正确		5	
			中断信号触发设置正确		5	
			整个示教编程调试过程无设备碰撞		10	
			实施过程问题记录及解决方案翔实、有留存价值		5	
			综合评价			
	备注：真机示教编程调试过程如发生设备碰撞一次扣10分，如损坏设备元器件扣20分					

综合评价	1. 目标完成情况 2. 存在问题 3. 改进方向

 **任务拓展**

机器人在运行某段轨迹的过程中,如果遇到紧急信号,需要保存原来的运动路径,而去紧急处理另一段轨迹。当紧急处理的轨迹运行完成后,机器人回到原路径断点处继续执行。工作站示意图如图 7-2 所示。

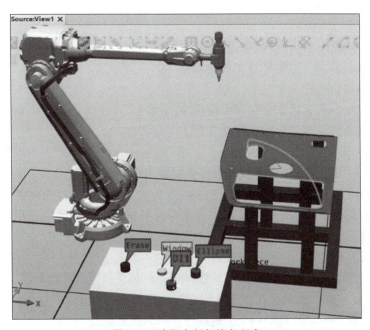

图 7-2 路径中断与恢复任务

此任务的实施过程可参照激光切割轨迹中断任务实现过程视频,在提供的工作站 7-2 Lazercutting_model 中完成。

 知识测试

1. 单选题

(1) 关于 ISignalDI \ single,di_2,0,intno1,描述正确的是(   )。

A. 当 di_2 由 0 变为 1 时触发中断 intno1

B. 当 di_2 由 1 变为 0 时触发中断 intno1

C. 当 di_2 第一次由 0 变为 1 时触发中断 intno1

D. 当 di_2 第一次由 1 变为 0 时触发中断 intno1

(2) 关于 StartMove 指令,描述正确的是(   )。

A. 用于启动机械臂和外轴的移动

B. 用于机器人程序的运行

C. 用于机器人的紧急启动

D. 与 Start 指令作用相同

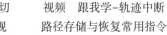

视频 跟我做-激光切割轨迹中断任务实现   视频 跟我学-轨迹中断路径存储与恢复常用指令

视频 跟我做-轨迹中断路径存储与恢复实现

（3）RAPID 编程中，取消（删除）中断指令是（　　）。
A. IDisable　　B. IDelete　　C. IError　　D. IPers

（4）关于 StopMove 描述，正确的是（　　）。
A. 用于停止机械臂和外轴的运动
B. 其可变元 Quick 用于快速停止机械臂的运动
C. 不与 StartMove 成对使用
D. 用于停止程序的运行

（5）关于中断程序 TRAP，以下说法不正确的是（　　）。
A. 中断程序执行时，原程序处于等待状态
B. 中断程序可以嵌套
C. 可以使用中断失效指令来限制中断程序的执行
D. 运动类指令能出现在中断程序中

2. 判断题

（1）StorePath 用于保存机器人机械臂及外轴的当前移动路径。（　　）

（2）RestoPath 用于恢复在使用指令 StorePath 的前一阶段所储存的路径。（　　）

（3）为了避免系统等候时间过长造成设备操作异常，中断程序应该尽量短小，从而减少中断程序的执行时间。（　　）

（4）中断时需要在每一次程序循环时开启一次，否则运行过一次就失效了。（　　）

（5）中断程序中只可包含机器人运算程序，不可包含机器人运动程序。（　　）

（6）"while true do" 语句会让机器人程序陷入死循环，不建议使用。（　　）

（7）机器人程序中只能设定一个中断程序，作为最高优先级程序。（　　）

（8）可以使用中断失效指令来限制中断程序的执行。（　　）

（9）运动类指令可以出现在中断程序中。（　　）

（10）中断指令 IWatch 用于激活机器人已失效的响应中断数据，一般情况下，与指令 ISleep 配合使用。（　　）

任务 7　知识测试参考答案

任务 8

离线轨迹编程任务实现

课件 离线轨迹编程任务实现

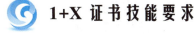 1+X 证书技能要求

工业机器人应用编程证书技能要求（中级）		
工作领域	工作任务	技能要求
3. 工业机器人系统离线编程与测试	3.3 编程仿真	3.3.1 能够根据工作任务要求实现搬运、码垛、焊接、抛光、喷涂等典型工业机器人应用系统的仿真 3.3.2 能够根据工作任务要求实现搬运、码垛、焊接、抛光、喷涂等典型应用的工业机器人系统进行离线编程和应用调试
工业机器人集成应用（中级）		
工作领域	工作任务	技能要求
3. 工业机器人系统调试与优化	3.1 工作站虚拟仿真	3.1.3 能使用离线编程软件进行工业机器人运动轨迹的模拟，避免工业机器人在运动过程中的奇异点或设备碰撞等问题 3.1.4 能按照工作站应用要求，进行工作站应用的虚拟仿真

任务引入

在工业机器人轨迹应用过程中，如切割、涂胶、焊接等常会处理一些不规则曲面或曲线，对于不规则路径轨迹，很难通过现场示教的方法完成。因为现场示教就是描点法，对于不规则图形的描点法，费时费力且不容易保证轨迹的精度。而在离线软件中利用曲线特征自动转换成机器人运动轨迹，省时、省力且容易保证轨迹精度。因此，只要建立工件的精确模型，就可以利用离线编程的方法获取被加工工件精确的运动轨迹。

视频 不规则轨迹切割演示视频

本任务要求以提供的工业机器人雕刻工作站为载体，完成工作站中指定窗口的轨迹曲线、路径的创建，对生成的目标点进行调整和轴配置，生成雕刻轨迹程序，如有配套实训设备，下载到实际的工作站中验证程序运行。

任务工单

任务名称	离线轨迹编程任务实现		
设备清单	IRB4600 机器人本体；标准控制柜、示教器等；激光切割工件、辅助设备等；电路、气源等辅助设备；导线、螺丝刀、万用表等工具	实施场地	具备条件的 ABB 机器人实训室（若无实训设备也可在装有 RobotStudio 软件的机房利用虚拟工作站完成）；配套工作站文件：8-1 Path_Source0
任务目的	理解离线轨迹编程应用场合及特点；能熟练描述离线轨迹编程的步骤；会在离线软件中用"三点法"创建工件坐标；会在建模选项卡下，从表面创建机器人轨迹曲线；会根据捕获的曲线特点，设置自动路径相关参数；会合理进行目标点位姿调整和轴配置参数设置；会排除程序调试过程中出现的报警和故障		
任务描述	本任务要求在虚拟工作站中，自动生成指定轨迹离线程序，并同步到 RAPID 中进行仿真调试运行。如有类似配套设备，则导入真机系统，进行轨迹验证（备注：在提供的虚拟工作站中，按下绿色的 Circle 开关时，机器人的输入信号 di2_circle 为 1，再次按下则该信号复位为 0；按下红色的 Ellipse 开关时，机器人的输入信号 di4_ellipse 为 1，再次按下则该信号复位为 0。TCP 跟踪信号由机器人输出 do1_tcp_on 信号控制，当该信号为 1 时启动跟踪，当该信号为 0 时关闭跟踪）		
素质目标	通过"三点法"准确创建工作坐标，培养学生严谨认真、遵章守则意识；通过目标点位姿精准调整及程序优化，培养学生精益求精、严谨规范的工匠素养		
知识目标	掌握离线软件中用"三点法"创建工件坐标的步骤；熟练掌握离线编程的步骤；熟练掌握目标点位姿调整的方法；熟练掌握轴配置参数设置的方法；熟练掌握路径和程序优化的方法		
能力目标	会灵活运用捕捉工具捕捉轨迹曲线，生成路径；会根据捕获的曲线特点，设置自动路径近似值相关参数；会进行目标点位姿调整和轴配置参数设置；能排除程序调试过程中出现的错误		
验收要求	在机器人工作站或课程提供的仿真工作站中，完成离线轨迹编程任务		

任务 8.1　离线路径生成

知 识 链 接

视频　沃尔沃汽车生产线车体焊接

在 RobotStudio 软件中，工业机器人沿着某一路径运行，需要首先确定路径的轨迹。在"基本"选项卡下的"路径"选项下，有两种方式可以生成路径：一种是"空路径"，可创建无指令的新路径，默认名称为"Path_10"，每选一次就会生成一条新路径，依次为"Path_20""Path_30"等；另一种是"自动路径"，从几何体边缘创建一条路径或曲线，如图 8-1 所示。

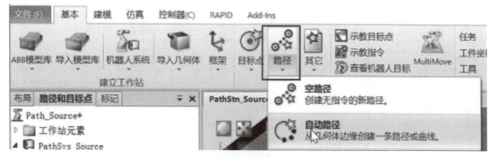

图 8-1　创建自动路径选项

两种方式生成路径各有特点，针对简单的平面上两点之间的直线运动路径，先生成"空路径"，再根据工艺精度要求选择关键点，示教"目标点"，较为方便。而对于工业机器人在复杂曲面上切割、焊接和写字等应用，使用示教"目标点的方法"费时、费力，且选择的目标点难以保证路径轨迹的精度。

"自动路径"是根据三维模型的曲线特征自动转换为工业机器人的运行轨迹。因此，针对特征较为明显的模型曲线，一般使用"自动路径"功能，根据工艺和运行要求设置参数，即可简便地生成路径。

RobotStudio 中支持导入的几何体模型主要格式包括 IGES、STEP、VRML、VDAFS、ACIS 和 CATIA 等。通过使用此类非常精确的 3D 模型数据，机器人程序设计员可以生成更为精确的机器人程序，从而提高机器人运行的精准度。

8.1.1　离线轨迹编程步骤

（1）根据模型，捕捉边缘曲线，创建自动路径。在实际应用中，为了方便进行编程以及路径修改，通常需要创建用户坐标系，且用户坐标系的创建一般以加工工件固定装置的定位销为基准，这样更容易保证其定位精度。

（2）进行目标点调整和轴配置参数设置。自动路径生成的轨迹机器人大多不能直接运行，因为部分目标点姿态机器人难以到达，因此需要进行目标点姿态的修改及轴配置参数调整，从而让机器人能够到达各个目标点。

（3）路径优化和仿真运行。轨迹完成后，需要添加轨迹起始接近点、轨迹结束离开点以及安全位置 home 点等，进行轨迹优化及程序完善。注意：安全位置 home 点一般在系统提供的 Wobj0 工件坐标系中创建。

最后完成整个轨迹调试并模拟仿真运行。

8.1.2 自动路径参数设置

生成自动路径时，需要在 RobotStudio 软件"基本"功能选项卡的"路径"选项下单击"自动路径"选项，此选项打开"自动路径"相关参数的设置，其参数设置对话框如图 8-2 所示。

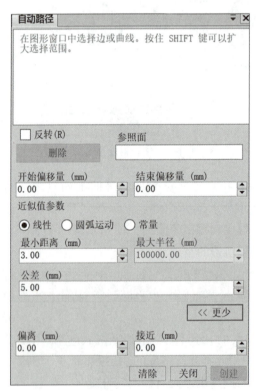

图 8-2 "自动路径"参数设置对话框

1. 反转

此参数设置轨迹运行方向是否反向。如果不勾选此复选框，生成轨迹的运行方向是顺时针方向。如果勾选"反转"复选框，则轨迹沿逆时针方向运行。

2. 参照面

生成目标点 Z 轴方向与此处选择的表面处于垂直状态。

3. 开始偏移量（mm）和结束偏移量（mm）

"开始偏移量（mm）"和"结束偏移量（mm）"是路径起点和终点相对于选中的特征线起点和终点的偏移距离。一般会根据工艺和运行精度要求设置偏移量。

4. 近似值参数

近似值参数选择"圆弧运动"，机器人会自动调节，在线性部分用 MoveL 指令，在圆弧部分用 MoveC 指令，在不规则的曲线部分则执行分段式的 MoveL 运动。"线性"和"常量"都是固定的模式，如果选择"线性"则会为每个目标生成线性指令，对轨迹上的圆弧做分段线性处理。选择"常量"则会生成具有恒定间隔距离的点。

此参数选择不当会产生大量的多余点位或者使路径精度不满足工艺要求。可以尝试切换不同的近似值参数类型，观察自动生成的目标点位，从而进一步理解各参数类型下所生成的路径的特点。

5. 最小距离（mm）

设置两生成点之间的最小距离，即小于该最小距离的点将被过滤掉。

6. 最大半径（mm）

在将圆弧视为直线前确定圆的半径大小，直线视为半径无限大的圆。

7. 公差（mm）

设置生成点所允许的几何描述的最大偏差。

8. 偏离（mm）

机器人沿路径运行完成时，离开末端轨迹点，垂直参照面的偏移距离。

9. 接近（mm）

机器人沿路径接近轨迹起始点时，垂直参照面的接近距离。

"偏离"和"接近"相当于设置了工业机器人工作任务的运行过渡点。

任务实施向导

视频 跟我做-
离线轨迹曲线
及路径创建

8.1.3 自动生成轨迹路径

1. 用户坐标系创建操作步骤（表 8-1）

表 8-1 用户坐标系创建操作步骤

操作步骤	操作说明	示意图
1	轨迹项目解压后的工作站如右图所示，要创建自动路径，首先需要建立工件坐标系，在"基本"选项卡中单击"其他"，再单击"创建工件坐标"	

续表

操作步骤	操作说明	示意图
2	将工件坐标名称命名为"wobj_workpiece",选择"用户坐标框架",单击"取点创建框架"右侧的下三角标识,选择"三点"法	
3	单击鼠标,激活 X 轴上的第一个点,设置捕捉工具,捕捉工件坐标 X 轴的第一个点	
4	用同样的方法捕捉 X 轴上的第二个点、Y 轴上的一个点。在捕捉特征点时,可以通过"Ctrl+Shift+鼠标左键"旋转视图,方便地进行查看和选择。完成之后单击"Accept"按钮,再单击"创建"按钮,完成工件坐标创建	

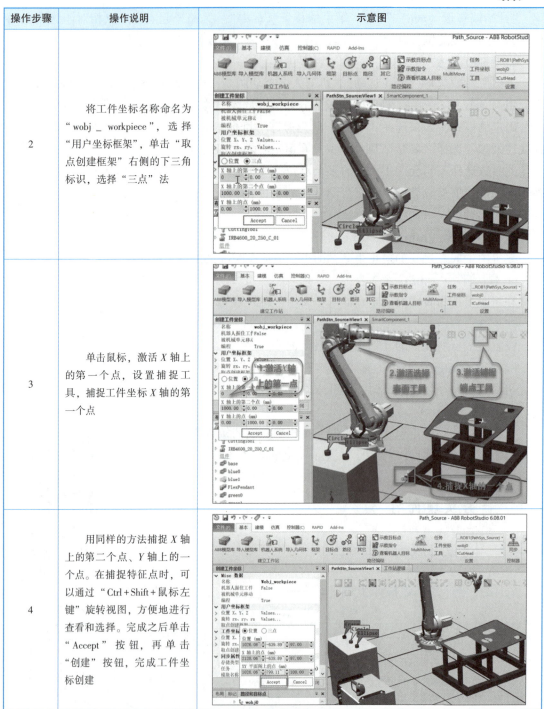

2. 捕捉曲线并自动生成路径操作步骤（表 8-2）

表 8-2 捕捉曲线并自动生成路径的操作步骤

操作步骤	操作说明	示意图
1	将工件名称修改为"Wobj_workpiece"，工具选择"tCutHead"，修改指令模板，将运动指令修改为 MoveL，速度根据实际工程需要去修改，现在将其修改为 500mm/s，转弯数据根据实际工况要求调整	
2	在"基本"选项卡下选择"路径"→"自动路径"	
3	系统弹出"自动路径"对话框，激活捕捉工具"选择表面"和"捕捉边缘"，单击选择椭圆窗口的边缘，自动生成边_1、边_2、……边_7。对于在一个部件的模型轮廓线，可以按住"Shift+鼠标左键"整体选择	
4	选中"参照面"，单击窗口所在部件的表面，"参照面"参数自动设定为"（Face）-工件"。"近似值参数"选择"圆弧运动"，"最小距离（mm）"设置为"1"，"公差（mm）"设置为"1"，"偏离（mm）"为"100"，"接近（mm）"为"100"。 （备注：课程视频中没有设置"偏离"和"接近"距离，因此在路径优化时手动添加了接近等待点和离开等待点)	

续表

操作步骤	操作说明	示意图
5	参数设置完成后，单击"创建"按钮，生成自动路径"Path_10"。用同样的方法自动生成圆形窗口的"Path_20"	

至此，自动生成了机器人的两条离线路径。在后面的任务中会对此路径进行处理，并转换成机器人程序代码，完成机器人轨迹程序的编写。

任务 8.2 目标点调整与仿真运行

8.2.1 位置数据及轴配置参数

视频 跟我学-机器人
目标点和轴配置参数

1. 位置数据构成

位置数据 robtarget（robot target）用于定义机械臂和附加轴的位置。示例如下：
CONST robtarget p10 := [[600, 300, 225.3], [1, 0, 0, 0], [1, 1, 0, 0], [9E9, 9E9, 9E9, 9E9, 9E9, 9E9]];

robtarget 型数据由 4 部分组件构成，依次分别如下。

（1）trans（translation）组件：如示例中的 [600, 300, 225.3]，用 mm 来表示工具中心点的位置（x，y，z），用于规定相对于当前工件坐标系的 TCP 的位置。

（2）rot（rotation）组件：如示例中的 [1, 0, 0, 0]，以四元数的形式表示（q1，q2，q3，q4）工具方位，规定相对于当前工件坐标系的方位。

（3）robconf（robot configuration）组件：如示例中的 [1, 1, 0, 0]，是机械臂的轴配置参数（cf1、cf4、cf6 和 cfx）。它是以轴 1、轴 4 和轴 6 当前 1/4 旋转的形式进行定义。机器人能够以多种不同的轴配置方式到达相同位置。

（4）extax（external axes）组件：表示附加轴的位置。如示例中的 6 个 9E9，表示没有附加轴。

2. 轴配置参数

常见的六轴串联机器人如图 8-3 所示。机器人 2 轴、3 轴、5 轴属于摆动轴，摆动轴的

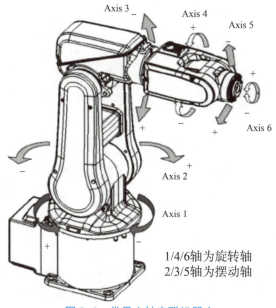

图 8-3 常见六轴串联机器人

运动范围在机械结构上是有限制的，原理上不能无限旋转。机器人中的 1 轴、4 轴、6 轴属于旋转轴，旋转轴的运动范围在机械结构上是没有限制的，原理上可以无限旋转。

"轴配置参数"是对旋转轴的活动范围通过划分象限进行约束。活动范围是 $-360°\sim+360°$，它的象限划分如图 8-4 所示。

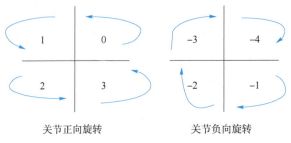

图 8-4　关节旋转角四等分象限

（1）正转时。

在 $0°\sim90°$ 的时候对应象限 0；在 $90°\sim180°$ 的时候对应象限 1；在 $180°\sim270°$ 的时候对应象限 2；在 $270°\sim360°$ 的时候对应象限 3。

（2）反转时。

在 $0°\sim-90°$ 的时候对应象限 -1；在 $-90°\sim-180°$ 的时候对应象限 -2；在 $-180°\sim-270°$ 的时候对应象限 -3；在 $-270°\sim-360°$ 的时候对应象限 -4。

示例中轴配置参数 [1, 1, 0, 0]，分别表示 cf1 = 1、cf4 = 1，即 1 轴、4 轴旋转角为 $90°\sim180°$；cf6 = 0，即六轴转角为 $0°\sim90°$，cfx 为机械臂类型。

工业六轴机器人只有 8 种姿态，cfx 取值范围为 0~7，对应的 8 种姿态如图 8-5 所示。这 8 种姿态适用于所有品牌的六轴串联机器人。因此，cfx 参数是约束机器人姿态的。示例中 cfx = 0 是最常见、最普通的一种机器人姿态。

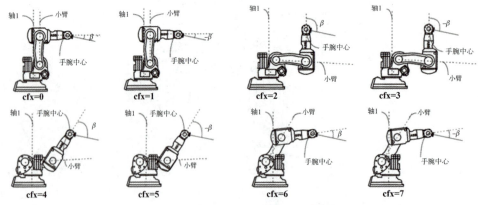

图 8-5　六轴串联机器人的机械臂类型

3. 目标点调整的旋转角度

机器人旋转角度方向符合右手法则，如图 8-6 所示。当参考选择为本地坐标时，大拇指指向锁定轴的正方向。旋转方向如果与四指指向相同，旋转角度则为正（也就是旋转箭头所指方向为正）；反之为负。

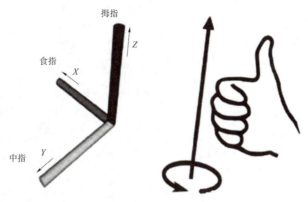

图 8-6 旋转方向判断

任务实施向导

8.2.2 目标点调整与轴配置参数设置

前面生成机器人自动路径 Path_10 和 Path_20，但是机器人还不能直接按照此轨迹运行，因为部分目标点姿态机器人还难以达到。下面修改目标点姿态，从而让机器人能够到达各个目标点。

1. 目标点调整具体步骤（表 8-3）

视频 跟我做-目标点调整和轴配置参数设置

表 8-3 目标点调整具体步骤

操作步骤	操作说明	示意图
1	在"基本"功能选项卡中单击"路径和目标点"选项卡。依次展开 T_ROB1、工件坐标 & 目标点、Wobj_workpiece、Wobj_workpiece_of，即可看到自动生成的各个目标点	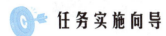
2	在调整目标点的过程中，为了便于查看工具在此姿态下的效果，选择在目标点位置处显示工具。右击"Target_10"，选择"查看目标处工具"命令，勾选所使用的工具名称"CuttingTool"，就可以看到在视图中出现了工具的位姿	

185

续表

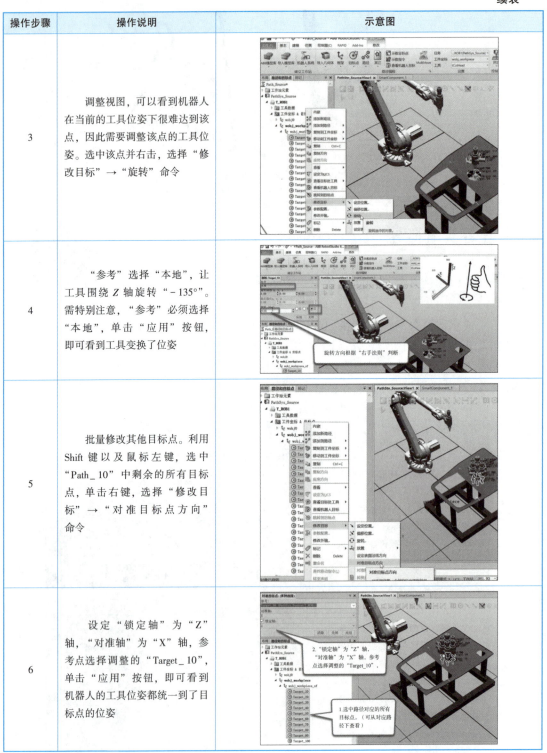

操作步骤	操作说明	示意图
3	调整视图,可以看到机器人在当前的工具位姿下很难达到该点,因此需要调整该点的工具位姿。选中该点并右击,选择"修改目标"→"旋转"命令	
4	"参考"选择"本地",让工具围绕 Z 轴旋转"−135°"。需特别注意,"参考"必须选择"本地",单击"应用"按钮,即可看到工具变换了位姿	
5	批量修改其他目标点。利用 Shift 键以及鼠标左键,选中"Path_10"中剩余的所有目标点,单击右键,选择"修改目标"→"对准目标点方向"命令	
6	设定"锁定轴"为"Z"轴,"对准轴"为"X"轴,参考点选择调整的"Target_10",单击"应用"按钮,即可看到机器人的工具位姿都统一到了目标点的位姿	

用同样的方法调整"Path_20"中的目标点。

2. 轴配置参数调整

机器人达到目标点，可能存在多种轴配置参数，需要为自动生成的目标点调整轴配置参数。具体步骤如表 8-4 所示。

表 8-4　轴配置参数调整步骤

操作步骤	操作说明	示意图
1	选择目标点"Taget_10"，单击右键，选择"参数配置"命令可以查看该目标点的轴配置参数。通过"配置参数"属性框中的"关节值"可以提供参考选择	
2	选中"Path_10"路径下指令前的黄色叹号，提示当前配置无法到达目标点。右键单击路径名称，选择"自动配置"→"线性/圆周移动指令"命令，弹出"选择机器人配置"对话框。单击"配置参数"下的每一项配置，在"关节值"选项下会显示对应的配置信息	
3	选择轴配置参数 cfg3，单击"应用"按钮，可以看到 Path_10 路径下所用指令黄色的叹号消失，即机器人以当前配置都可以达到目标点。右键单击该路径，选择"沿着路径移动"命令，可以看到机器人沿着该路径进行了运动，此路径的目标点调整和轴配置参数设置完成	

用同样的方法完成第二条自动路径的轴配置参数设置。

8.2.3 程序优化与仿真运行

在自动路径目标点调整和参数配置的基础上,进行路径优化,生成虚拟控制器能够运行的 RAPID 程序,并进行仿真验证。具体实施步骤如表 8-5 所示。

视频 跟我做-路径优化与仿真运行

表 8-5 程序优化与仿真运行步骤

操作步骤	操作说明	示意图
1	右键单击路径名称,选择"重命名"命令,将路径名称分别修改为"rCircle"和"rEllipse"。增加机器人等待进入等待点:选中 Target_10 并单击右键,选择"复制"命令,选中工件坐标"wobj_workpieceof",单击"粘贴",增加"Target_10_3"点	
2	右键单击复制的目标点,选择"修改目标"→"偏移位置"命令,弹出图中①位置所示对话框。将"参考"设置为"本地",即以工具坐标为参考,工具向上抬升 50 mm,因此修改 Z 值为"-50",单击"应用"按钮则可看到工具向上抬升了 50 mm	
3	单击图中②位置的指令模板,将其修改为 MoveJ。选择增加的"Target_10_3",右键单击,选择"添加到路径"→"rCircle"→"第一"命令即可以看到 rCircle 第一条指令增加了关节运动到等待点	

续表

操作步骤	操作说明	示意图
4	增加路径运动结束之后的机器人等待点。选择增加的这条指令，右键单击，选择"复制"命令。选中该路径的最后一行指令，单击右键，选择"粘贴"命令，因为等待位置无须修改，因此在弹出的"创建新目标点"对话框中单击"否"按钮	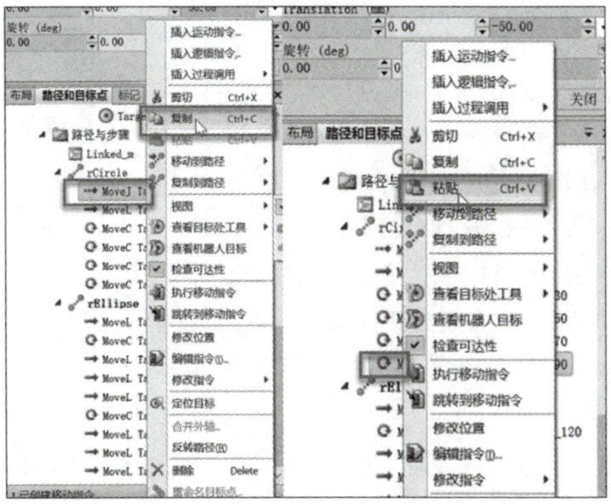
5	将最后一条指令更改为 MoveL 指令，选择新添加的最后一条指令，单击右键，选择"编辑指令"命令，弹出图中①位置所示的编辑指令模板，在"动作类型"中选择"Linear"	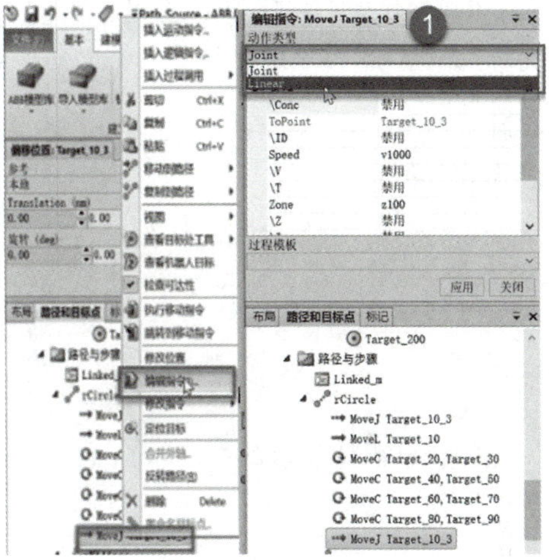

至此，第一条自动路径优化完成。用同样的方法优化第二条路径。

实际工程应用时，机器人有一个等待的 home 位，而 home 位通常是在默认的工件坐标系 wobj0 下。增加 home 点的操作步骤如表 8-6 所示。

表 8-6　增加 home 点的操作步骤

操作步骤	操作说明	示意图
1	单击"布局"，选择机器人，单击右键，选择"回到机械原点"命令	

续表

操作步骤	操作说明	示意图
2	将图中①位置的"工件坐标"设置为"wobj0",单击图中②位置的"示教目标点",弹出图中③位置的对话框。单击"是"按钮,即看到在wobj0下生成的目标点,右键单击该目标点,重命名为"pHome"	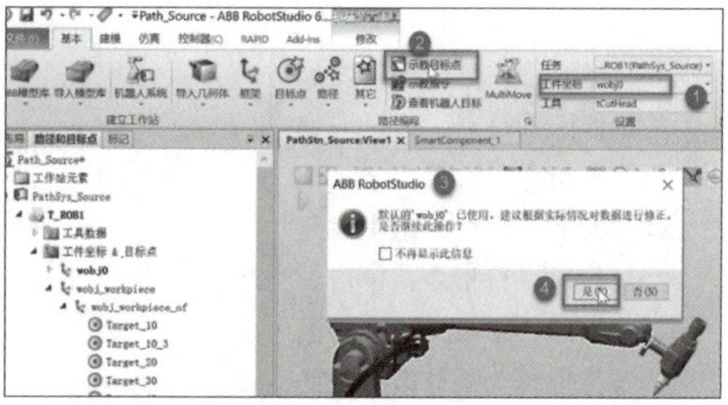
3	在"路径与目标点"下,选择"路径与步骤",单击右键,选择"创建路径"命令,添加一条新的路径,将路径重命名为"main"	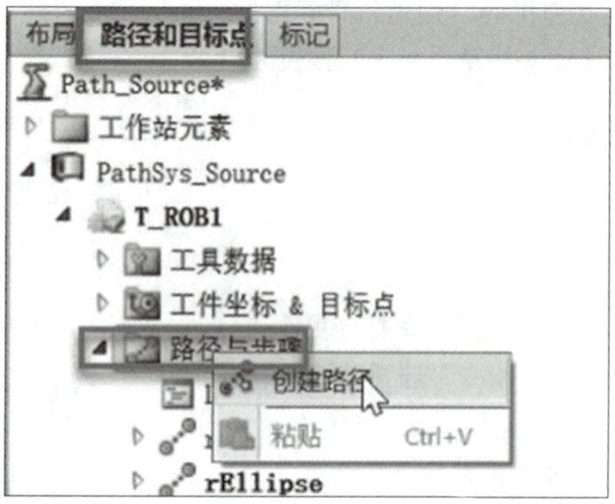
4	选择上面创建的"pHome",单击右键,选择"添加到路径"→"main"→"<第一>"命令	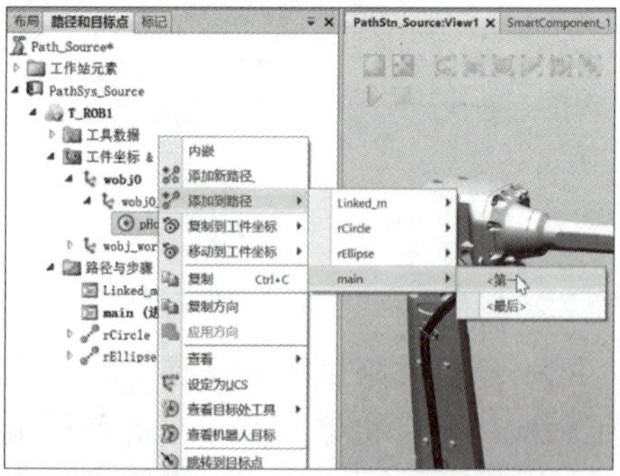
5	在主程序中,完成例行程序的调用。右键单击主程序中的第一条指令,选择"插入过程调用"→"rCircle"路径。用同样的方法完成"rEllipse"路径的调用	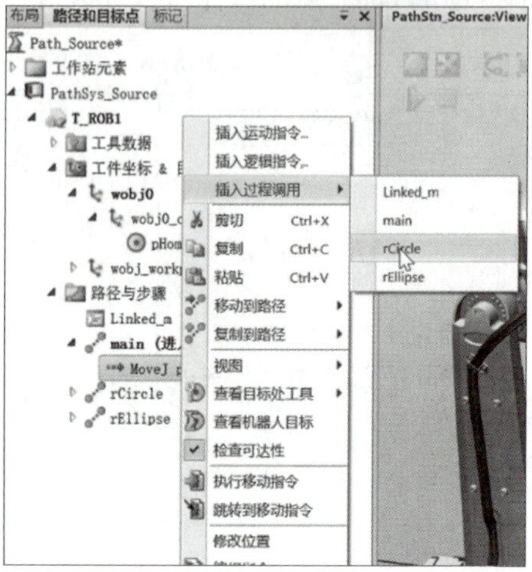

续表

操作步骤	操作说明	示意图
6	所有程序优化完成后，可以将所有程序同步到VC，转换成RAPID代码。在"基本"选项下，单击"同步"→"同步到RAPID"，弹出图中③位置的对话框，将所有数据勾选后，单击"确定"按钮	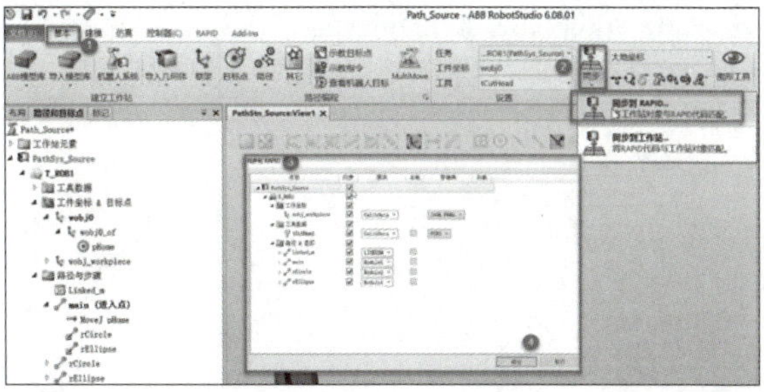
7	同步完成后，单击图中①位置的"RAPID"选项，依次打开图中②位置的RAPID，则可以看到转换的RAPID代码。在此可以进一步对代码进行优化。修改完成后，单击图中③位置的"应用"按钮	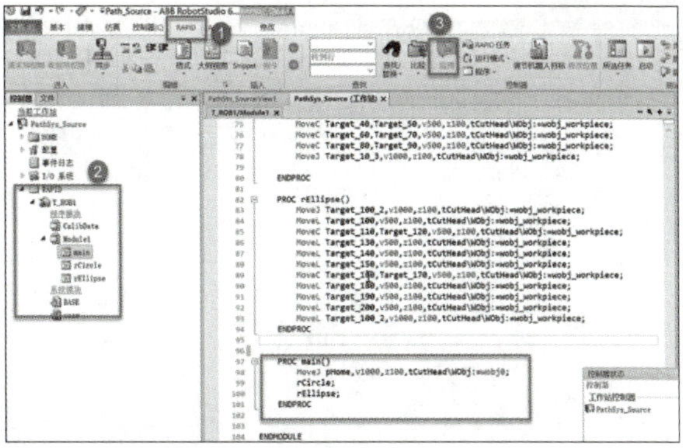
8	仿真运行设定。选择"仿真"→"仿真设定"，在仿真设定窗口中单击"T_ROB1"，设置"进入点"为"main"，选中"PathSys_Source"，将"运行模式"修改为"连续"。完成后再单击"播放"按钮，即可仿真运行	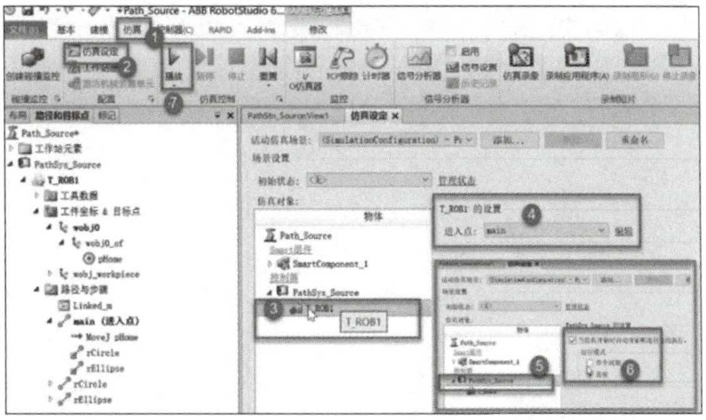

任务 8.3　离线程序的验证调试

知识链接

8.3.1　离线程序导出和导入的方法

把离线程序导入到真实的工业机器人控制器中，通过操作真实工业机器人，标定工具坐标系和工件坐标系，运行从软件中导出的离线程序，从而完成工业机器人离线程序的调试。

工业机器人程序的导出和导入方式有两种：一种是通过网线将 RobotStudio 软件与机器人连接，将机器人程序导出与导入；另一种是通过 U 盘插入示教盒 USB 接口，将机器人程序导出和导入。

示例：RobotStudio 软件与工业机器人的连接。

将 RobotStudio 软件与工业机器人建立连接，如果要通过软件对工业机器人进行程序导入、程序编写和参数修改等，为防止软件中的误操作对机器人造成损坏，需要在真实机器人控制器获取"写权限"。将机器人控制柜的"手动\自动"选择开关旋至"手动"位置，在软件的"控制器"选项卡下，单击"请求写权限"，弹出对话框如图 8-7 所示。

图 8-7　请求写权限操作

任务实施向导

8.3.2　软件与机器人建立连接

RobotStudio 软件具有在线作业功能，将软件与真实的工业机器人进行连接通信，对机器人可进行便捷的监控、程序修改、参数设定、文件传送及备份系统等操作，使调试与维护工作更轻松。RobotStudio 与机器人建立连接的步骤如表 8-7 所示。

表 8-7　RobotStudio 与机器人建立连接的步骤

操作步骤	操作说明	示意图
1	使用网线将计算机与工业机器人的控制柜连接，网线一端插入计算机网络端口，另一端插入控制柜的 X2 LAN1（Service）端口	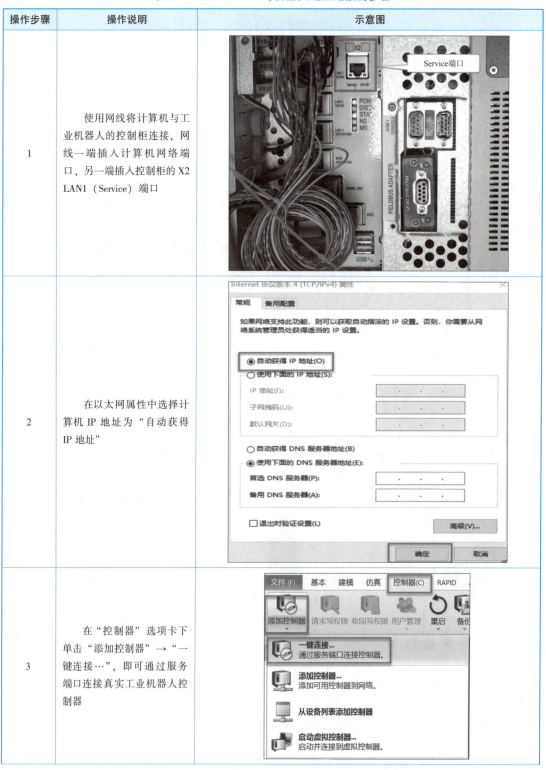
2	在以太网属性中选择计算机 IP 地址为"自动获得 IP 地址"	
3	在"控制器"选项卡下单击"添加控制器"→"一键连接…"，即可通过服务端口连接真实工业机器人控制器	

续表

操作步骤	操作说明	示意图
4	在"控制器"选项卡下,单击"请求写权限"	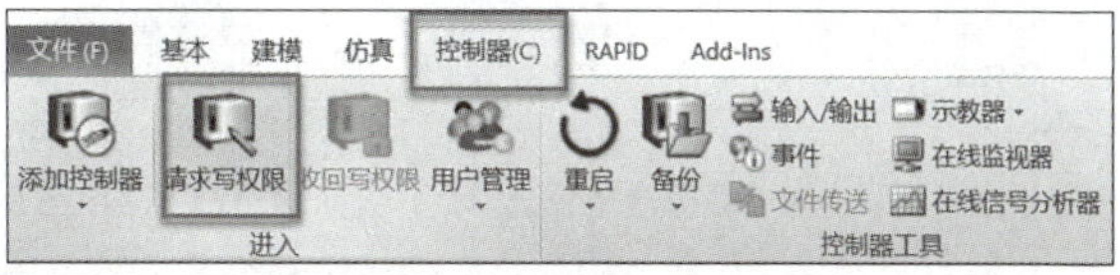
5	在示教器上会弹出"请求写权限"窗口,单击"同意"按钮,软件即获得对控制器的写权限	

8.3.3 利用软件进行离线程序的导出和导入

RobotStudio 软件与机器人控制柜建好连接后,软件导出和导入程序步骤如表 8-8 所示。

表 8-8 软件导出和导入程序步骤

操作步骤	操作说明	示意图
1	选中要导出程序的控制器,单击"RAPID"→"T_ROB1",打开程序模块。选中需要导出的程序模块,单击右键,在弹出的快捷菜单中选择"保存模块为…"命令(或者选择要导出的程序,单击右键,在弹出的快捷菜单中选择"保存程序为…"命令)	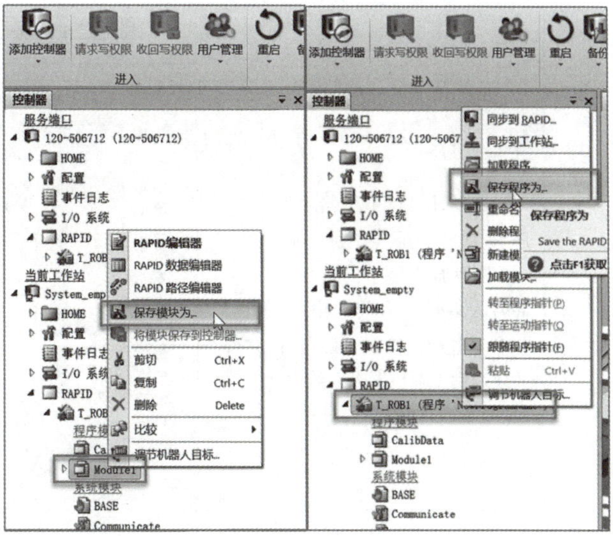

续表

操作步骤	操作说明	示意图
2	将程序模块（或程序）保存到计算机中指定位置。完成离线程序的导出	
3	选中要导入程序的控制器，单击"RAPID"选中"T_ROB1"，并单击右键，在弹出的快捷菜单中选择"加载模块…"命令（如果导出的是程序文件，则在弹出的快捷菜单中选择"加载程序…"命令）	
4	选择计算机中存储的程序模块，扩展名为.mod（如果是加载程序，则其扩展名为 pgf），将其选中后，单击"打开"按钮，即可将其导入到工业机器人系统中	

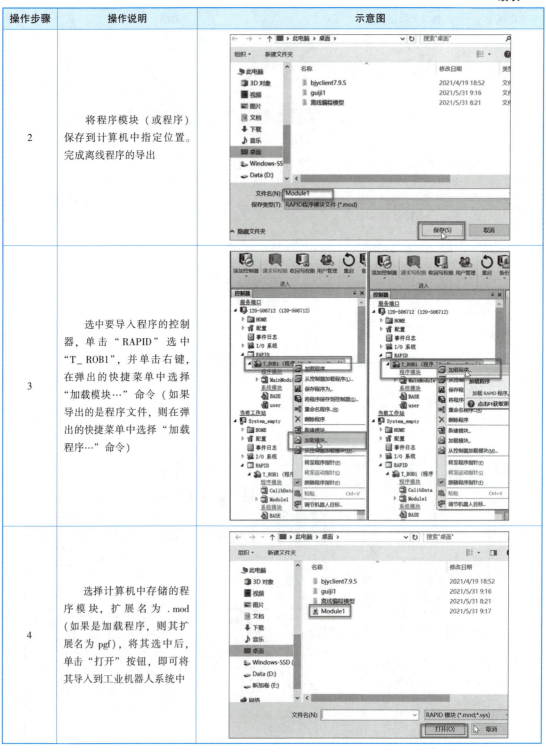

将程序模块导入后，即可在示教器上收回写权限，之后就可以利用示教器进行操作了。

8.3.4 利用 U 盘导入机器人程序

在 RobotStudio 中的"控制器"选项卡下,在"RAPID"→"T_ROB1"下选择要导出的程序"Module1",单击右键,选择"保存模块为…"命令,将机器人离线程序导出并保存到 U 盘中,导出操作如图 8-8 所示。

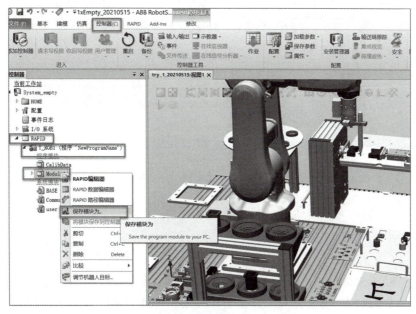

图 8-8 离线程序模块导出操作

将 U 盘插入示教器 USB 接口,在示教器主菜单中单击"程序编辑器",打开程序编辑窗口,单击"模块"打开模块显示窗口,如图 8-9 所示。单击"文件",选择"加载模块…",弹出"添加新的模块后,您将丢失程序指针。是否继续?"提示框,单击"是"按钮,弹出选择文件窗口,如图 8-10 所示。

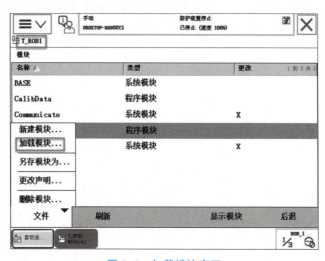

图 8-9 加载模块窗口

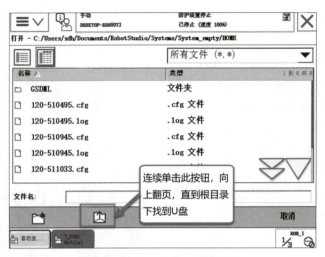

图 8-10 示教器加载文件选择窗口

通过单击向上翻页按钮，在根目录下找到 U 盘，再找到要加载的 .mod 文件，单击"确定"按钮即完成程序的导入。

8.3.5 导入程序的运行与调试

无论通过 RobotStudio 软件导入还是通过 U 盘导入离线程序，在程序运行调试前，都需要在真机工作站中进行工具坐标和工件坐标的标定，即建立离线程序中所用到的同名工具坐标和工件坐标。

工具坐标的建立方法一般采用"四点法"，具体实现过程见机器人技术基础课程相关视频。需特别注意，工具坐标名称一定要与离线程序中的工具坐标名称一致。

建好工具坐标后，再利用"三点法"建工件坐标，其实现过程详见机器人技术基础课程相关视频。注意：工件坐标的位置要与离线编程中工件坐标相对位置一致。

标定好工具坐标和工件坐标后，就可以在示教器中进行程序的运行与调试了，其调试步骤与方法与之前用示教器现场编程的调试步骤方法完全一致。

任务实施记录及验收单

任务名称	轨迹任务离线编程实现		实施日期	
任务要求	本任务要求以工业机器人雕刻工作站为载体,完成工业机器人离线编程中轨迹曲线、路径的创建,对生成的目标点进行调整和轴配置,生成雕刻轨迹程序,最后下载到实际的控制器中完成程序调试运行			
计划用时			实际用时	
组别			组长	
组员姓名				
成员任务分工				
实施场地				
仿真工作站中实施步骤与信息记录	(任务实施过程中重要的信息记录,是撰写工程说明书和工程交接手册的主要文档资料。可另附纸张) 1. 创建工件坐标 _____ 2. 创建轨迹曲线 _____ 3. 选择和调整目标点 _____ 4. 设置轴配置参数 _____ 5. 完善程序、优化路径 _____ 6. 遇到的问题及解决办法 _____			
真机实操实施步骤与信息记录	(任务实施过程中重要的信息记录,是撰写工程说明书和工程交接手册的主要文档资料。可另附纸张) 1. 离线程序导入 _____ 2. 工件坐标创建 _____ 3. 程序调试运行 _____ 4. 遇到的问题及解决办法 _____			

续表

任务名称		轨迹任务离线编程实现		实施日期		
任务检测评分点	项目列表		自我检测要点		配分	得分
	职业素养		纪律（无迟到、早退、旷课）		10	
			安全规范操作，符合5S管理规范		10	
			团队协作能力、沟通能力		10	
	理论知识		网教平台理论知识测试		10	
	工程技能	虚拟仿真	工件坐标创建正确		5	
			目标点调整和轴配置参数设置正确		5	
			路径优化合理		5	
			仿真运行轨迹精确度高		10	
			离线程序导出操作熟练		5	
		真机实操	程序导入正确		5	
			中断事件创建正确		5	
			真机运行轨迹精准度高		5	
			整个示教编程调试过程无设备碰撞		10	
	实施过程问题记录及解决方案翔实、有留存价值				5	
	综合评价					
	备注：真机示教编程调试过程如发生设备碰撞一次扣10分，如损坏设备元器件扣20分					
综合评价	1. 目标完成情况 2. 存在问题 3. 改进方向 					

任务拓展

在工业机器人应用编程考核设备虚拟工作站中,完成"山"字离线轨迹的编写。工作站示意图如图 8-11 所示。完成"山"字离线轨迹,仿真运行无误后,将离线程序导入到真实的工业机器人控制器中,通过操作真实工业机器人,标定工具坐标系和工件坐标系,运行从软件中导出的离线程序,完成工业机器人写字应用的调试。(空工作站打包文件下载链接:1xEmpty_20210515.rspag。"山"字离线轨迹完成后的打包文件下载链接为:wordshan_20210515.rspag。)

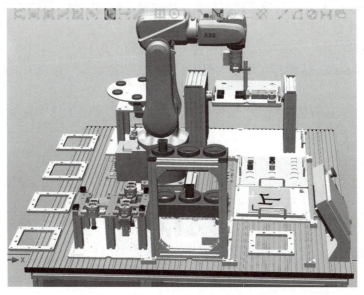

图 8-11 工业机器人应用编程虚拟工作站

知识测试

1. 单选题

(1) 默认生成的"自动路径"的运行方向是( )。
 A. 顺时针方向运行   B. 逆时针方向运行
 C. 随机方向运行   D. 顺时针和逆时针交替

(2) RobotStudio 软件中,不属于捕捉模式的是( )。
 A. 捕捉末端   B. 捕捉对象   C. 捕捉中点   D. 捕捉表面

(3) ABB 机器人示教点的数据类型是( )。
 A. tooldata   B. string   C. robtarget   D. signaldata

(4) RobotStudio 软件的测量功能不包括( )。
 A. 直径   B. 角度   C. 重心   D. 最短距离

(5) 操作人员因故离开设备工作区域前应按下( ),避免突然断电或者关机零位丢失,并将示教器放置在安全位置。
 A. 急停开关   B. 限位开关   C. 电源开关   D. 停止开关

2. 判断题（正确的打"√"，错误的打"×"）

（1）选择参照面后，生成的目标点 Z 轴方向与选定表面处于平行状态。（   ）

（2）创建工件坐标时，应选择"工件坐标框架"中的取点创建框架。（   ）

（3）RobotStudio 软件离线编程中，示教的目标点 Target_10 只能添加到路径第一行。（   ）

（4）机器人的编程方式有在线编程和离线编程两种。（   ）

（5）机器人调试人员进入机器人工作区域范围内时需佩戴安全帽。（   ）

（6）离线编程软件目前可完全替代手动示教编程。（   ）

（7）RobotStudio 软件中创建自动路径的参数"最小距离"和"公差"设置不同，生成的轨迹目标点的个数也不同。（   ）

（8）机器人的 TCP，不一定安装在机器人法兰上的工具上。（   ）

（9）通过 RobotStudio 软件在线导入程序，必须在"控制器"选项卡下选择"请求写权限"。（   ）

（10）当机器人运行轨迹相同、工件位置不同时，只需更新工件坐标系即可，无需重新编程。（   ）

任务 8　知识测试参考答案

任务 9

多任务处理程序

课件　多任务处理程序

1+X 证书技能要求

工业机器人应用编程证书技能要求（中级）		
工作领域	工作任务	技能要求
2. 工业机器人系统编程	2.2 工业机器人高级编程	2.2.4 能够根据工作任务要求，使用多任务方式编写机器人程序
工业机器人集成应用（高级）		
工作领域	工作任务	技能要求
1. 工业机器人系统集成设计	1.1 工作站方案设计	1.1.2 能根据任务要求，制订工作站的整体方案

任务引入

在计算机应用中，经常通过"Ctrl+Alt+Delete"组合键打开任务管理器，查看或关闭当前运行的多个任务。工业机器人是否也能像计算机一样同时处理多个任务呢？答案是肯定的，机器人控制器也是一台计算机，也可以同时运行处理多个任务。通常，机器人的后台任务处理程序可以用于机器人与 PC、PLC、相机等设备不间断的通信处理，也可以在后台任务中将机器人作为一个简单的 PLC 进行逻辑运算。机器人能够多任务运行的前提是在机器人控制系统中有 623-1 Multitasking 选项。多任务程序处理具体任务要求详见任务工单。

任务工单

任务名称	多任务处理程序实现		
设备清单	IRB120 机器人本体；标准控制柜、示教器等；搬运工件、辅助设备等；电路、气源等辅助设备；导线、螺丝刀、万用表等工具；机器人系统具有 623-1 Multitasking 选项	实施场地	具备条件的 ABB 机器人实训室（若无实训设备也可在装有 RobotStudio 软件的机房利用虚拟工作站完成）；配套工作站文件：9-1multitasking_0
任务目的	通过学习机器人多任务处理的运行机制，完成后台任务的建立；通过学习数据多任务程序间数据共享规则，完成共享数据的建立；通过学习事件例行程序，完成 power_on EVENT ROUNTINE 的设置；通过学习后台任务 Normal 和 Semistatic 的设置，完成多任务程序的调试		
任务描述	机器人在后台任务中控制 do4_to_PLC（信号名称可以自定义）每隔 1 s 产生一个 1 s 的高电平信号，用于与 PLC 进行 I/O 通信，同时将 do4_to_PLC 信号为高电平的次数进行计数（Counter_do4），并将计数统计值传送到机器人前台运行程序，Counter_do4 的初始化程序可在 power_on EVENT ROUNTINE 中完成（信号名称可以自定义）		
素质目标	通过对机器人系统选项的修改，培养学生工程成本意识；通过多任务间建立数据互传的同名、同类型的可变量，培养学生的规则意识；通过对 PulseDO 等指令的学习，培养学生的自主学习能力；通过对前台任务和后台任务的程序调试，培养学生严谨认真、一丝不苟的职业素养		
知识目标	理解多任务运行的概念及应用注意事项；掌握多任务运行数据共享的规则；理解事件例行程序并熟记使用注意事项；掌握系统增加 623-1 Multitasking 选项的方法		
能力目标	能在虚拟工作站中修改系统选项；会建立后台任务，编写后台任务程序；会编写周期为 1 s 的脉冲信号发生器及计数统计程序；会建立前台任务和后台任务之间的通信数据		
验收要求	在机器人工作站或课程提供的仿真工作站中，完成多任务程序处理。具体要求详见任务实施记录和验收单		

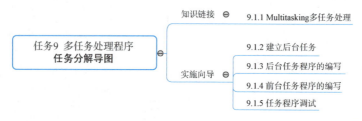

知识链接

9.1.1　Multitasking 多任务处理

1. Multitasking 任务介绍

视频　跟我学-
Multitasking 多任务程序

在生成机器人控制系统时，如果勾选了 623-1Multitasking 功能选项包，机器人就可以使用多任务程序处理。值得注意的是，在真实机器人中，这一功能选项包是选配功能包，需要付费购买。增加了 623-1 Multitasking 选项的机器人控制器，就可以同时运行处理多个任务。选项包如图 9-1 所示。

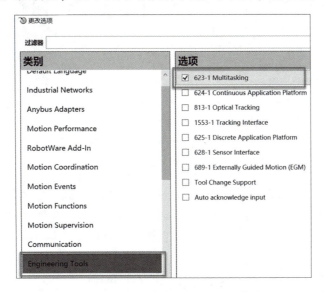

图 9-1　增加 623-1 Multitasking 选项

多任务处理程序具有以下特点。

（1）多任务程序 Multitasking 就是在前台运行用于控制机器人逻辑运算和运动的 RAPID 程序的同时，后台还有与前台并行运行的 RAPID 程序，也就是通常所说的多任务程序。

（2）多任务程序最多可以有 20 个不带机器人运动指令的后台并行的 RAPID 程序。

（3）后台任务处理程序可用于机器人与 PC、机器人与 PLC、机器人与相机等设备不间断的通信处理，也可以作为一个简单的 PLC 进行逻辑运算。

（4）后台多任务处理程序在系统启动的同时就开始连续运行，不受机器人控制状态的影响。

2. 查看或加载系统选项的方法

在添加新任务之前，要确认机器人系统是否具有了 623-1 Multitasking 选项包，在 RobotStudio 中查看、加载步骤如图 9-2 所示。

在图 9-2 中单击"控制器"功能选项卡，再单击"修改选项"，在打开的"更改选项"窗口中查看图中③位置的一个概况。如果包含 623-1 Multitasking，就可以直接关闭此窗口，进行后续操作。如果不包含，则单击"Engineering tools"，打开"选项"选项卡，勾选"623-1Multitasking"，勾选之后生成新的机器人系统。

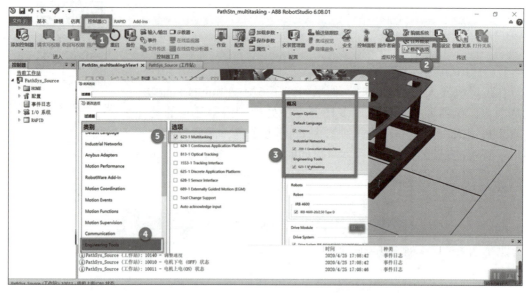

图 9-2　查看和加载多任务选项包

3. 增加新任务的方法

在"控制面板"→"配置"→"Controller"下添加一个新任务实例的方法如图 9-3 所示。任务的类型（Type）需先定义为"Normal"，因为默认"启动"和"停止"按钮仅会启动和停止 Normal 任务；当程序调试完成后，再将其设置为"Semistatic"，开机自动运行。

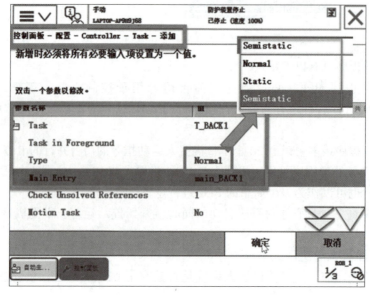

图 9-3　增加新任务的方法

4. 任务间共享变量的规则

默认多个任务间数据是不互通的，要实现任务间的数据互通，如将 Counter_do4 高电平脉冲统计数据传递到前台主任务中，可以通过共享变量的方式实现。共享变量建立的规则如图 9-4 所示，必须是同名、同类型的可变量。

任务间共享数据规则如下。

（1）在需要交换数据的不同任务中建立同名、同类型的变量，如图 9-4 中 Counter_do4 在定义时必须是同类型的 num 数据。

（2）变量存储类型必须为可变量，这样在一个任务中修改了数据值，另一个任务中名字相同的数据也会随之更新。

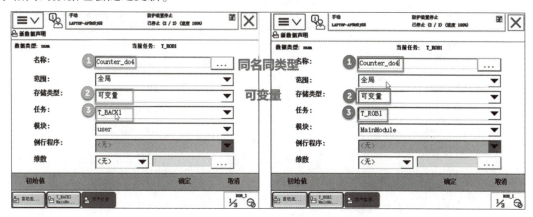

图 9-4　任务间共享数据规则

后台任务调试步骤如图 9-5 所示。首先单击示教器右下角快捷菜单按钮，调出任务选择，单击任务选择按钮，勾选所需调试的任务。当然这样选择的前提是所建立的后台任务"Type"必须为"Normal"。选中任务后即可按正常任务调试步骤进行程序调试。

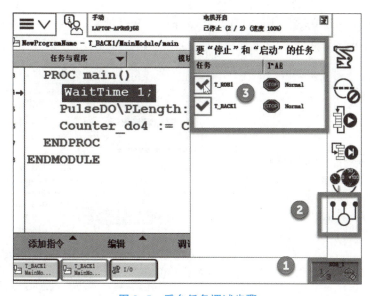

图 9-5　后台任务调试步骤

5. Event Routine 事件例行程序

Event Routine 是使用 RAPID 指令编写的例行程序去响应系统事件的功能。当发生事件时，系统会自动执行所连接的事件例行程序。一个事件例行程序由一条或多条指令组成。

注意：Event Routine 中是不能有移动指令的，也不能有太复杂的逻辑判断指令，防止程序陷入死循环，影响系统的正常运行。

如表 9-1 所示，有以下 7 种事件可以应用，分别为 POWER_ON、START、STOP、QSTOP、RESTART、RESET、STEP 事件，对应的 event_type 值分别为 1~7。

表 9-1 例行程序对应事件表

RAPID 常量	值	所执行事件类型
EVENT_NONE	0	未执行任何事件
EVENT_POWER_ON	1	POWER_ON 事件
EVENT_START	2	START 事件
EVENT_STOP	3	STOP 事件
EVENT_QSTOP	4	QSTOP 事件
EVENT_RESTART	5	RESTART 事件
EVENT_RESET	6	RESET 事件
EVENT_STEP	7	STEP 事件

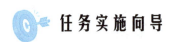

任务实施向导

9.1.2 建立后台任务

根据任务要求，建立后台任务具体操作步骤如表 9-2 所示。

视频 跟我做-
Multitasking 任务实现 1

表 9-2 建立后台任务具体操作步骤

操作步骤	操作说明	示意图
1	首先将机器控制器置于"手动"位置，单击打开示教器的"控制面板"单击"配置"→"主题"，单击"Controller"	

续表

操作步骤	操作说明	示意图
2	单击"Task",再单击"显示全部"	
3	单击"添加",修改 Task 名称为"T_BACK1"。修改完任务名称后,把"Type"更改为"Normal",将"Main Entry"(即后台任务的程序进入点)命名修改为"main_BACK1",完成后单击"确定"按钮	
4	再次单击"确定"按钮,弹出控制器是否重启对话框,单击"是"按钮,等待示教器重启。重启完成后,提示配置已更新,单击"确定"按钮	
5	示教器重启后,就看到现在控制器已经有两个任务,即"T_BACK1"和之前系统默认的前台程序"T_ROB1"	

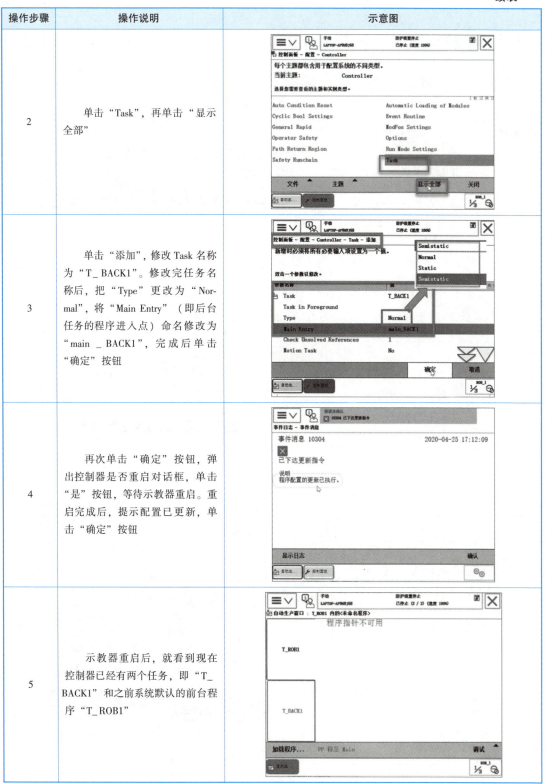

209

接下来在后台任务"T_BACK1"中编写后台程序。

9.1.3 后台任务程序编写

T_BACK1 后台程序编写具体操作步骤如表 9-3 所示。

表 9-3 后台程序编写步骤

操作步骤	操作说明	示意图
1	打开程序编辑器,选择新建的 T_BACK1,单击"新建",选中"MainModule",单击"显示模块",单击"例行程序"。新建主程序"main",再单击"文件"→"重命名",将其修改为新建任务 T_BACK1 时定义的程序名"main_BACK1",修改完成后单击"确定"按钮	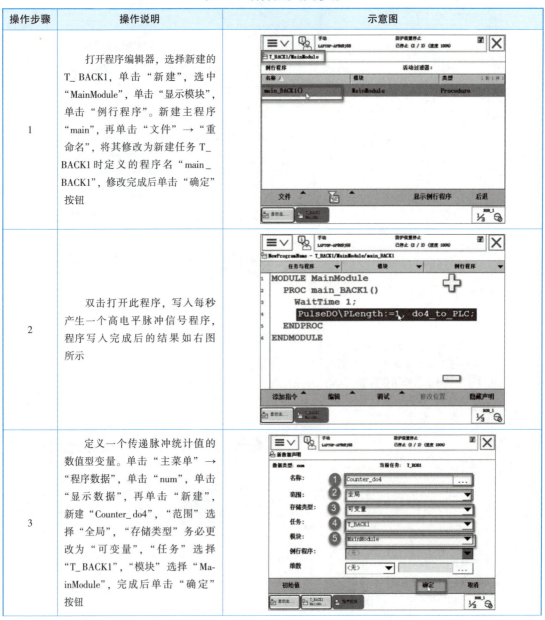
2	双击打开此程序,写入每秒产生一个高电平脉冲信号程序,程序写入完成后的结果如右图所示	
3	定义一个传递脉冲统计值的数值型变量。单击"主菜单"→"程序数据",单击"num",单击"显示数据",再单击"新建",新建"Counter_do4","范围"选择"全局","存储类型"务必更改为"可变量","任务"选择"T_BACK1","模块"选择"MainModule",完成后单击"确定"按钮	

续表

操作步骤	操作说明	示意图
4	在"T_ROB1"任务中,新建 num 型共享数据"courter_do4","范围"选择"全局","存储类型"务必更改为"可变量","任务"选择"T_ROB1","模块"选择"MainModule",完成后单击"确定"按钮	
5	在主任务 T_ROB1 下,查看建立的 Counter_do4 数值型变量,它的初始值为 0	
6	在"T_BACK1"任务,即后台任务中查看是否有一个同名变量 Counter_do4,存储类型为可变量的数值型变量	
7	在 T_BACK1 任务中,单击"显示模块",接着编写对脉冲进行计数的程序。在示教器中用赋值指令将 Counter_do4+1 赋值给 Counter_do4,完成之后,单击"确定"按钮	

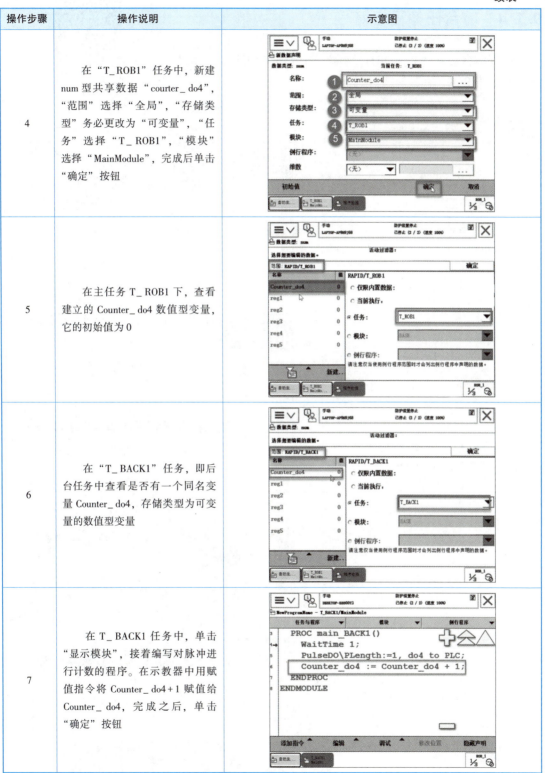

9.1.4 前台任务程序编写

回到前台任务"T_ROB1",编写前台任务程序。具体操作步骤如表9-4所示。

视频 跟我做-Multitasking任务实现2

表9-4 前台任务程序编写步骤

操作步骤	操作说明	示意图
1	在程序编辑器中,选择"T_ROB1"单击"显示模块",选中"MainMoudle",单击"显示模块"	
2	主程序完成后台任务传递过来的数据"Counter_do4"在屏幕上显示,需添加可选变元	
3	选中"\Num",单击"使用",再单击"关闭",将这个Num可变元值显示出来	

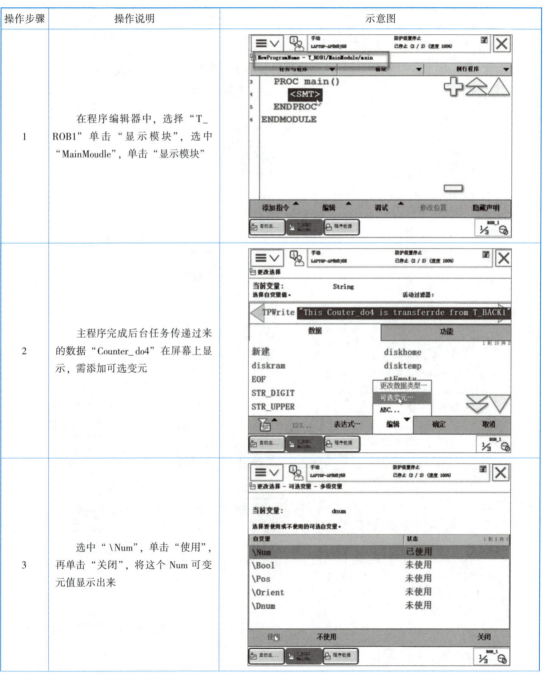

续表

操作步骤	操作说明	示意图
4	TPWrite 屏写指令中将 Num 可变元值显示出来，单击选择表达式"<EXP>"，单击"Counter_do4"，单击"确定"按钮	
5	完成屏写后，让输出等待 1 s。增加等待 1 s 指令，即 WaitTime 1。前台程序如右图所示	

9.1.5 任务程序调试

任务调试具体操作步骤如表 9-5 所示。

表 9-5 任务调试操作步骤

操作步骤	操作说明	示意图
1	单击右下角快捷菜单按钮，先把主任务关掉，只调试"T_BACK1"任务	

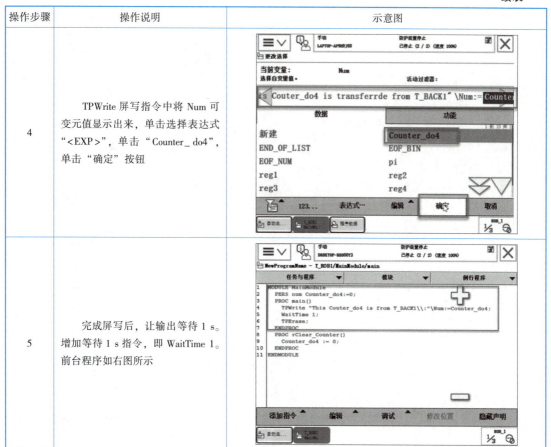

续表

操作步骤	操作说明	示意图
2	将运行模式修改为连续运行	
3	单击主菜单→"输入输出",单击"视图",勾选"数字输出"	
4	打开"T_BACK1"的"main_BACK1",单击程序运行按钮。在此窗口观察信号输出值。查看do4_to_PLC是每隔1 s产生一个1 s的高电平信号	
5	检查后台程序中传递到前台任务的数据Counter_do4是否一直在进行计数 用同样的方法检查前台任务"T_ROB1"中的Counter_do4是否一直在同步更新	

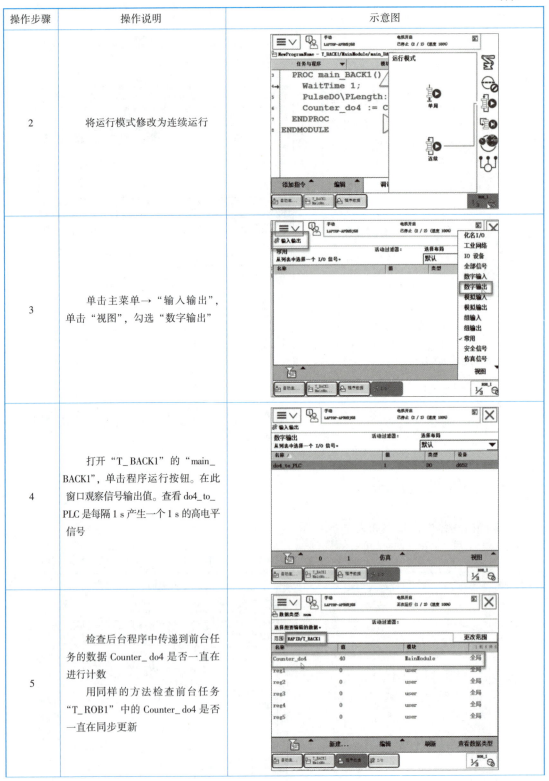

续表

操作步骤	操作说明	示意图
6	后台程序调试完成之后,单击停止,将后台程序改为静态。单击"控制面板",单击"配置",选择主题,单击"Controller",单击"Task",显示全部,单击"T_BACK1",单击编辑。将它的类型修改为 Semistatic,也就是半静态的状态,单击"确定"按钮	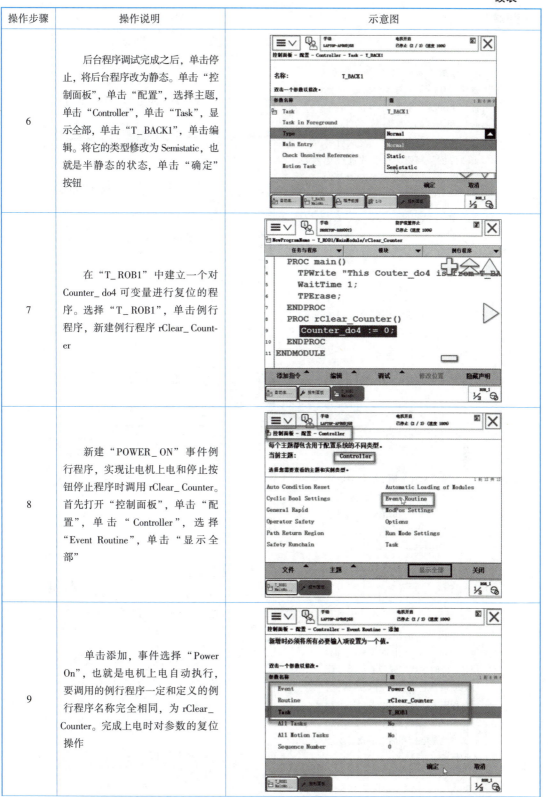
7	在"T_ROB1"中建立一个对 Counter_do4 可变量进行复位的程序。选择"T_ROB1",单击例行程序,新建例行程序 rClear_Counter	
8	新建"POWER_ON"事件例行程序,实现让电机上电和停止按钮停止程序时调用 rClear_Counter。首先打开"控制面板",单击"配置",单击"Controller",选择"Event Routine",单击"显示全部"	
9	单击添加,事件选择"Power On",也就是电机上电自动执行,要调用的例行程序一定和定义的例行程序名称完全相同,为 rClear_Counter。完成上电时对参数的复位操作	

续表

操作步骤	操作说明	示意图
10	增加"Stop"事件例行程序。事件"Event",选择"Stop",事件"Routine"选择"rClear_Counter",单击"确定"按钮,"Task"任务选择"T_ROB1"。完成后单击"停止"按钮,对参数进行复位操作	
11	完成后根据提示进行重启操作,单击"确认"按钮完成程序配置的更新执行	
12	接着进行任务调试,可以看到现在可以启动和停止的任务只是"T_ROB1","T_BACK1"已经设置为后台自动运行	
13	单击输入输出,显示数字输出,看d652板卡上的Couter_do4信号,此时主程序还没有启动,而计数的信号已经更新计数。因此,后台程序的运行是不受前台任务程序控制的,即机器人系统启动之后,也就是电机开启之后就自动进入运行状态	

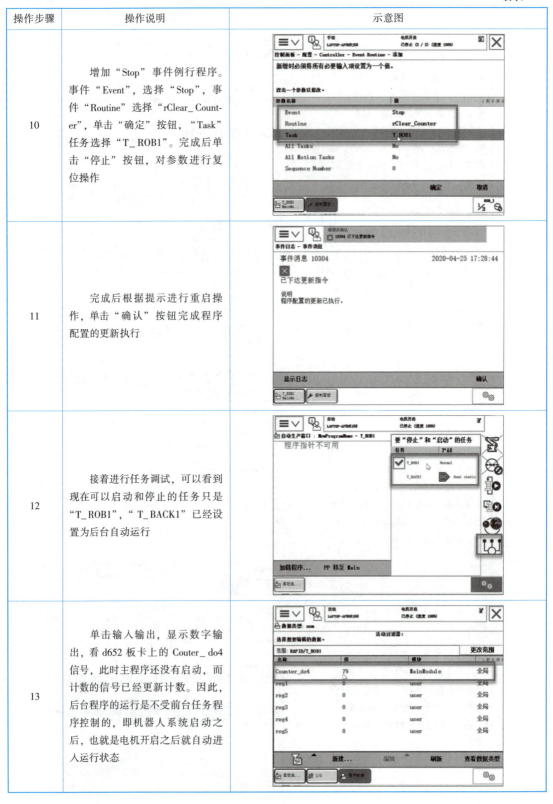

任务实施记录及验收单

任务名称	多任务处理程序实现		实施日期	
任务要求	本任务要求机器人在后台任务中控制 do4_to_PLC（信号名称可以自定义）每隔 1 s 产生一个 1 s 的高电平信号，用于与 PLC 进行 I/O 通信，同时将 do4_to_PLC 信号为高电平的次数进行计数（Counter_do4），并将计数统计值传送到机器人前台运行程序，Counter_do4 的初始化程序可在 Power On EVENT ROUNTINE 中完成（信号名称可以自定义）			
计划用时			实际用时	
组别			组长	
组员姓名				
成员任务分工				
实施场地				
仿真工作站中实施步骤与信息记录	（任务实施过程中重要的信息记录，是撰写工程说明书和工程交接手册的主要文档资料。可另附纸张） 1. 后台任务建立步骤 _____ 2. 编写后台任务程序 _____ 3. 共享数据的建立步骤 _____ 4. 后台任务的调试步骤 _____ 5. 事件例行程序的创建步骤 _____ 6. 遇到的问题及解决办法 _____			
真机实操实施步骤与信息记录	1. 查看机器人系统是否具有 623-1Multitasking 选项步骤 _____ 2. 后台任务建立步骤 _____ 3. 编写后台任务程序 _____ 4. 共享数据的建立步骤 _____ 5. 后台任务的调试步骤 _____ 6. 事件例行程序的创建步骤 _____ 7. 遇到的问题及解决办法 _____			

续表

任务名称		多任务处理程序实现		实施日期	
任务检测评分点	项目列表		自我检测要点	配分	得分
	职业素养		纪律（无迟到、早退、旷课）	10	
			安全规范操作，符合5S管理规范	10	
			团队协作能力、沟通能力	10	
	理论知识		网教平台理论知识测试	10	
	工程技能	虚拟仿真	后台任务创建正确	5	
			前台、后台任务数据能共享	5	
			后台程序功能实现正确	5	
			事件例行程序创建正确	10	
			事件例行程序功能实现正确	5	
		真机实操	后台任务创建正确	5	
			前台、后台任务数据能共享	5	
			后台程序功能实现正确	5	
			事件例行程序创建正确、功能正确	5	
			整个示教编程调试过程无设备碰撞	5	
		实施过程问题记录及解决方案翔实、有留存价值		5	
			综合得分		
	备注：真机示教编程调试过程如发生设备碰撞一次扣10分，如损坏设备元器件扣20分				
综合评价	1. 目标完成情况 2. 存在问题 3. 改进方向				

任务拓展

在工业机器人应用编程考核设备中，建立工业机器人后台数据处理任务，任务具体要求：前台任务将机器人的末端夹具状态（夹紧或松开）及搬运工件的个数共享给后台任务，机器人每搬运 5 个工件，在后台任务中就产生一个 1 s 的打包装箱信号发送给 PLC，每当机器人重新上电时，搬运工件个数清零。同时，后台任务中完成机器人 16 个自定义数据的打包和解包，并将数据实时与 PLC 工作站进行 Socket 通信，如图 9-6 所示。

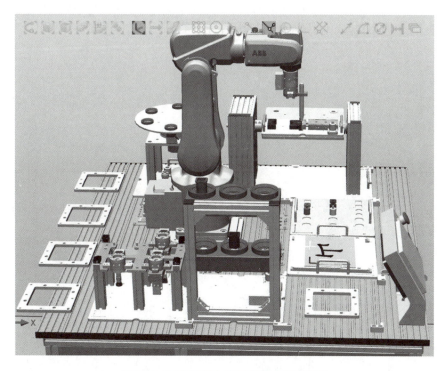

图 9-6 工业机器人应用编程虚拟工作站

知识测试

判断题（正确的打"√"，错误的打"×"）

（1）机器人多任务运行需要的功能选项包是 623-1 Multitasking。（　　）

（2）多任务程序最多可以有 20 个带机器人运动指令的后台并行的 RAPID 程序。
（　　）

（3）Multitasking 就是在前台运行用于控制机器人逻辑运算和运动的 RAPID 程序的同时，后台还有与前台并行运行的 RAPID 程序。（　　）

（4）后台多任务程序在系统启动的同时就开始连续运行，不受机器人控制状态的影响。
（　　）

（5）后台任务的类型 Type 需先定义为"Normal"，因为默认"启动"和"停止"

按钮仅会启动和停止 Normal 任务，当程序调试完成后，再将其设置为"Semistatic"。（　　）

任务 9　知识测试参考答案

任务 10

机器人系统的备份与恢复实现

 1+X 证书技能要求

工业机器人应用编程证书技能要求（初级）		
工作领域	工作任务	技能要求
2. 工业机器人操作	2.3 工业机器人系统备份与恢复	2.3.1 能够根据用户要求对工业机器人系统程序、参数等数据进行备份 2.3.2 能够根据用户要求对工业机器人系统程序、参数等数据进行恢复 2.3.3 能够进行工业机器人程序、配置文件等导入、导出

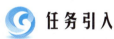 **任务引入**

课件 机器人系统的备份与恢复实现

为防止操作人员对机器人系统文件误删除，通常在进行机器人操作前备份机器人系统，备份的对象是所有正在系统内存运行的 RAPID 程序和参数。而当机器人系统无法启动或重新安装新系统时，也可利用已备份的系统文件进行恢复，备份系统文件是具有唯一性的，只能将备份文件恢复到原来的机器人系统中，备份到其他系统会出现系统故障。

另外，日常工作中，养成对机器人系统数据进行备份的习惯，也是操作者必备的素养。

任务工单

任务名称	机器人系统的备份与恢复实现		
设备清单	IRB120 机器人本体；紧凑型控制柜、示教器等；工件台、工件库等辅助设备	实施场地	具备条件的 ABB 机器人实训室（若无实训设备也可在装有 RobotStudio 软件的机房利用虚拟工作站完成）；配置完成工作站文件包：model_10-1
任务目的	了解系统备份与恢复的意义；熟悉备份与恢复的两种实现方法；掌握单独导入 I/O 配置文件和模块程序的方法		
任务描述	熟悉备份与恢复相关的指令，能够单独导入 I/O 配置文件和模块程序；能够独立完成系统备份和恢复		
素质目标	夯实基础，培养学生对知识的总结和深入思考的能力；培养学生工程意识、绿色生产意识，养成良好的操作习惯；培养学生自主探究能力和团队协作能力；通过系统的恢复和备份，培养学生严谨的工作态度和认真的工作习惯		
知识目标	了解系统备份与恢复的意义；掌握通过示教器完成系统备份与恢复的方法；掌握通过软件获得控制权完成系统备份与恢复的方法；掌握单独导入 I/O 配置文件和模块程序的方法		
能力目标	能够理解系统备份与恢复的意义；能够通过示教器完成系统备份与恢复；能够通过软件获得控制权的方法完成系统备份与恢复；会单独导入 I/O 配置文件和模块程序		
验收要求	能够在实训室工作站中完成系统的备份和恢复，并能够单独导入 I/O 配置文件和模块程序；在虚拟仿真平台完成系统的备份和恢复		

任务10 机器人系统的备份与恢复实现
任务分解导图

- 知识链接
  - 10.1.1 系统备份与恢复的意义
  - 10.1.2 备份文件夹信息
- 实施向导
  - 10.1.3 通过示教器完成系统备份与恢复
  - 10.1.4 通过软件获得控制权的方法完成系统备份与恢复

知识链接

10.1.1 系统备份与恢复的意义

在使用计算机的过程中,可能会遇到系统崩溃,如果做好了系统的备份,可以快速恢复系统,防止重要文件丢失。与此类似,定期对机器人的数据进行备份,是保证 ABB 机器人正常工作的良好习惯。

ABB 机器人数据备份的对象是所有正在系统内存运行的 RAPID 程序和系统参数。当机器人系统出现错乱或者重新安装新系统以后,可以通过备份快速地把机器人恢复到备份时的状态。

视频 跟我学-机器人系统备份与恢复

10.1.2 备份文件夹信息

在通过软件 RobotStudio 获得控制权的方法完成系统备份与恢复的方式中,文件会存储在计算机中,备份文件存储在 RAPID 文件夹下,I/O 配置文件存储在 SYSPAR 文件夹下,如图 10-1 所示。

图 10-1 系统备份文件夹

具体每个文件夹的作用如表 10-1 所示。

表 10-1 系统默认备份文件夹

文件夹	描述
BACKINFO	包含要从媒体库中重新创建系统软件和选项所需要的信息
HOME	包含系统主目录中内容的副本
RAPID	系统程序存储器中的每个任务创建了一个子文件夹。每个任务文件夹包含单独的程序模块文件夹和系统模块文件夹
SYSPAR	包含系统配置文件

任务实施向导

10.1.3 通过示教器完成系统备份与恢复

以本书任务 2 单工件搬运任务为例,进行数据备份和恢复。具体操作步骤如表 10-2 和表 10-3 所示。

视频 跟我做-机器人系统备份与恢复操作

1. 系统的备份

表 10-2 系统的备份步骤

操作步骤	操作说明	示意图
1	在示教器主界面,选择菜单栏,单击"备份与恢复"	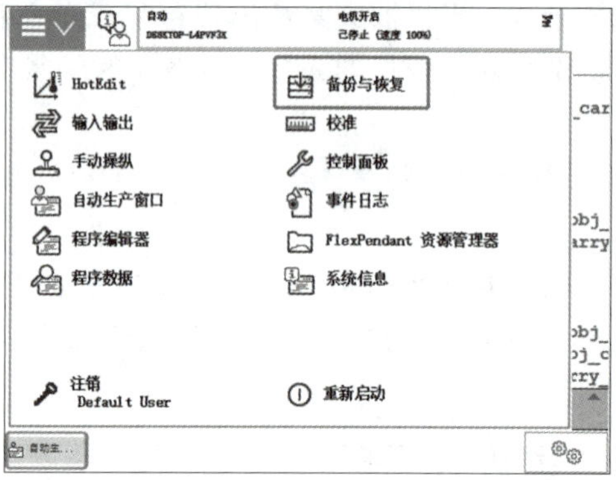
2	单击"备份当前系统柜"	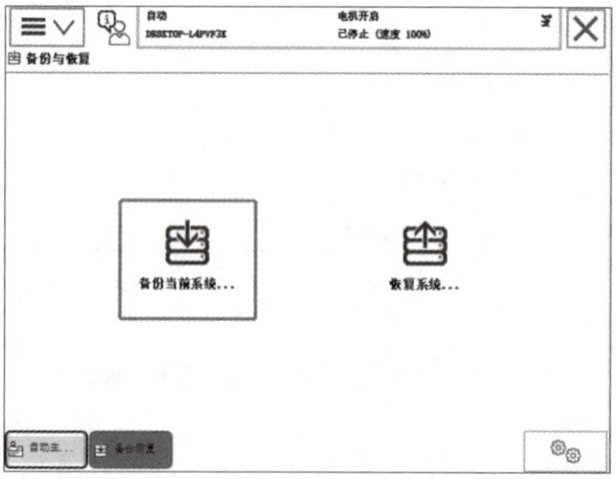
3	单击"ABC…"按钮可以更改备份文件夹的名字,也可以单击下面的"…"按钮更改备份的路径	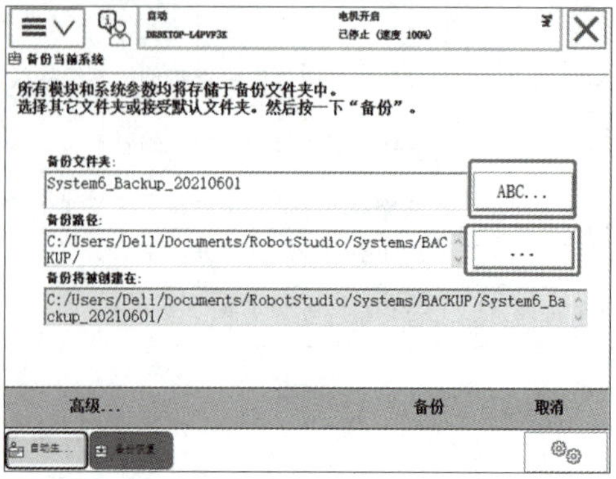

续表

操作步骤	操作说明	示意图
4	单击"…"按钮后，单击下方的显示文件夹按钮，即可看到示教器系统中的全部文件夹，选择适当的位置，单击"确定"按钮	
5	单击"备份"按钮完成备份	

2. 系统的恢复

表 10-3 系统的恢复

操作步骤	操作说明	示意图
1	在示教器主界面，选择菜单栏，单击"备份与恢复"	
2	单击"恢复系统"	

续表

操作步骤	操作说明	示意图
3	单击"…"按钮后，单击下方的显示文件夹按钮，即可看到示教器系统中的全部文件夹	
4	选择之前备份系统的所在文件夹，找到备份系统文件，单击"确定"按钮	
5	单击"是"按钮即可恢复文件	

10.1.4 通过软件获得控制权的方法完成系统备份与恢复

1. 系统的备份（表10-4）

表10-4 系统的备份

操作步骤	操作说明	示意图
1	在 RobotStudio 中建立一个空工作站	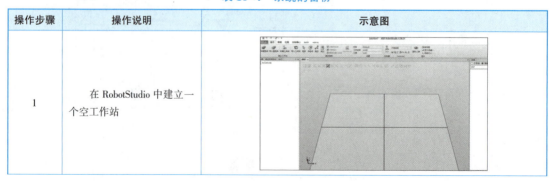

续表

操作步骤	操作说明	示意图
2	在"控制器"功能选项卡下单击"添加控制器"添加机器人控制器,从而获得对机器人的控制权。 注意:在建立连接之前,一定将机器人控制器运行状态设置为"手动"	
3	将计算机与控制器的"Service"口通过网线连接,计算机的 IP 地址设置为"自动获取 IP 地址",则可以单击"一键连接"获取对机器人的控制权	
4	单击"添加控制器",可以在对话框中选择想要连接的控制器,单击"确定"按钮(注:这里用虚拟控制器模拟真实控制器的连接)	
5	此时工作站与控制器建立了连接	

续表

操作步骤	操作说明	示意图
6	单击"请求写权限"	
7	出现等待远程示教器确认授权的对话框	
8	在需要备份的机器人系统示教器中，可以看到请求授权的对话框，单击"同意"按钮	
9	回到空工作站的界面中，即可对现场的控制系统进行备份。单击"备份"，选择"创建备份"	

续表

操作步骤	操作说明	示意图
10	在对话框中修改备份的名称及备份的位置，单击"确定"按钮，备份完毕	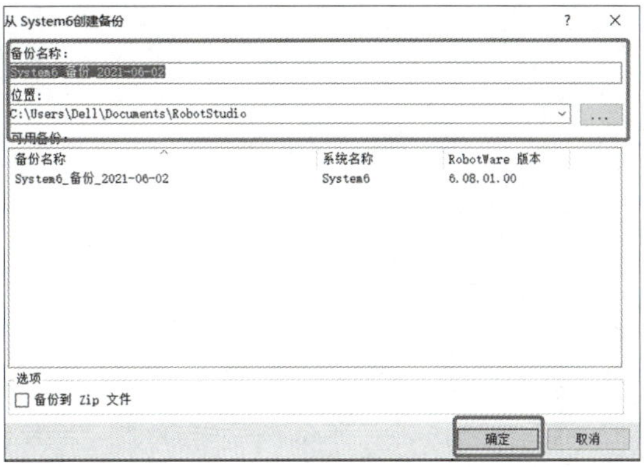

2. 系统的恢复（表10-5）

表10-5　系统的恢复

操作步骤	操作说明	示意图
1	在空工作站中，单击"从备份中恢复"	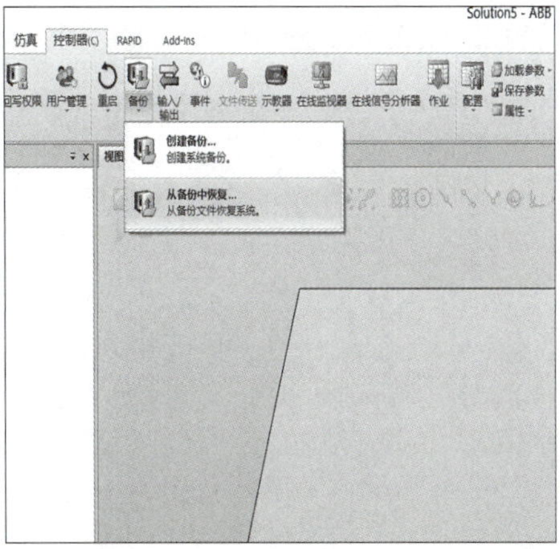
2	通过"位置"找到刚才备份的系统文件，选中后，单击"确定"按钮，完成系统恢复	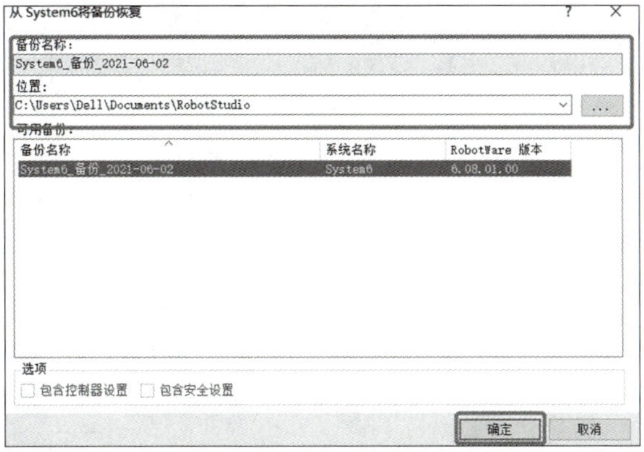

任务 10　机器人系统的备份与恢复实现

 任务实施记录单及验收单

任务名称	机器人系统的备份与恢复实现		实施日期	
任务要求	要求： 能够在实训室工作站中完成系统的备份和恢复操作；并利用 RobotStudio，通过软件获得控制权的方式完成系统备份和恢复 通过此任务验收着重考查学生解决问题的能力以及团队成员的协作和沟通能力			
计划用时			实际用时	
组别			组长	
组员姓名				
成员任务分工				
实施场地				
真机实操实施步骤与信息记录	（任务实施过程中重要的信息记录，是撰写工程说明书和工程交接手册的主要文档资料。可另附纸张） 1. 完成系统备份操作 _____ _____ 2. 完成系统恢复操作 _____ _____ 3. 遇到的问题及解决办法 _____ _____			
仿真工作站中实施步骤与信息记录	（任务实施过程中重要的信息记录，是撰写工程说明书和工程交接手册的主要文档资料。可另附纸张） 1. 在 RobotStudio 中获得控制权 _____ _____ 2. 完成系统备份操作 _____ _____ 3. 完成系统恢复操作 _____ _____ 4. 遇到的问题及解决办法 _____ _____			

续表

任务名称	机器人系统的备份与恢复实现		实施日期		
任务评价检测评分点	项目列表		自我检测要点	配分	得分
	职业素养		纪律（无迟到、早退、旷课）	10	
			安全规范操作，符合5S管理规范	10	
			团队协作能力、沟通能力	10	
	理论知识		网教平台理论知识测试	10	
	工程技能	真机实操	正确进行系统备份	10	
			正确进行系统恢复	10	
		虚拟仿真	将软件与真实示教器建立联系	10	
			通过软件正确进行系统备份	10	
			通过软件正确进行系统恢复	10	
	实施过程问题记录及解决方案翔实、有留存价值			10	
	综合评价				
	备注：真机示教编程调试过程如发生设备碰撞一次扣10分，如损坏设备元器件扣20分				

综合评价

1. 目标完成情况

2. 存在问题

3. 改进方向

任务拓展

ABB 新型编程示教器

除了常见的控制器以外，现在还有很多新型控制器，可以通过流程化、模块化的编程方法对工业机器人进行编程。ABB 的 YUMI 系列机器人的单臂型号和双臂型号控制器，均搭载了新型编程软件。这种模块化的编程软件，叫做 Wizard，如图 10-2 所示。该简易编程软件基于 Blockly 概念建立。Blockly 是一种开源的可视化编码方法，把编程语言或代码以联锁块的形式呈现。通过使用这种简化的方法，Wizard 软件使用户无需事先了解任何机器人编程语言，就能对单臂 YUMI 机器人编程并使用。用户可以简单地将这些功能块拖放到示教器上，并立即看到结果，且能在几秒钟内调整机器人的动作。

视频　跟我学-ABB 新型控制器

与其他类型的简易编程软件不同，Wizard 简易编程能够实时转换为 ABB 的 RAPID 编程语言，使 Wizard 简易编程具有支持高级机器人功能的优势。复杂的机器人程序，如装配任务，可以由熟练的机器人程序员创建，然后变成一个 Wizard 程序，供新手机器人用户使用和操作。

图 10-2　Wizard 编程界面

对比传统编程方式，Wizard 新型编程方式具有如下优势，见表 10-6。

表 10-6　两种编程方式对比

型号 参数	传统控制器	新型控制器
编程方式	传统指令编写	图形化编程
是否需要熟练掌握机器人编程语言	是	否
调整机器人动作方式	手动示教	通过模块快速调整
是否能快速显示运行结果	否	是

ABB 新型控制器的具体操作和编程方法，请参考视频。

知识测试

1. 单选题

（1）若想查看机器人之前发生的报警信息，可在（　　）查看。
  A. 事件日志　　　B. 系统信息　　　C. 控制面板　　　D. 设置

（2）机器人备份文件夹中的程序代码位于（　　）子文件中。
  A. SYSPAR　　　B. HOME　　　C. RAPID　　　D. BACKINFO

（3）需要将已存储在机器人硬盘上的备份文件复制到 U 盘中，需要在（　　）菜单中进行操作。
  A. 备份与恢复　　　　　　　　　B. 控制面板
  C. 程序编辑器　　　　　　　　　D. PLexPendant 资源管理器

（4）EIO 文件存在备份文件夹的（　　）子文件夹下。
  A. SYSPAR　　　B. HOME　　　C. RAPID　　　D. BACKINFO

（5）对机器人运行内存中的程序备份文件的扩展名是（　　）。
  A. 自动　　　B. 手动　　　C. 手动全速　　　D. 任意状态

2. 判断题（正确的打"√"，错误的打"×"）

（1）机器人的操作系统具有唯一性，不能将一台机器人的备份恢复到另一台机器人中去，否则会造成系统故障。（　　）

（2）当需要批量对机器人的 I/O 信号快速定义时，就可以将相同版本的机器人配置文件"EIO.cfg"导入到批量的机器人系统中。（　　）

（3）导入 I/O 配置文件和程序模块的加载后都要重启控制器。（　　）

（4）机器人的系统备份只能备份系统参数，无法备份系统内存运行的 RAPID 程序。
  （　　）

（5）利用 RobotStudio 在线连接机器人控制系统时，需要机器人处于"手动"运行状态，在确认安全的前提下，在示教器上进行"同意"确认。（　　）

任务 10　知识测试参考答案